JN257549

シカの飼い方・活かし方

良質な肉・皮革・角を得る

宮崎昭・丹治藤治 著

農文協

眠れるシカ資源を宝の山に
地域にシカ資源活用産業を興そう！

急増するシカによる農林業被害。
捕獲による個体数管理が叫ばれる一方で、シカ資源の活用はすすんでいない。
その眠れる資源を有効活用する養鹿経営に、いま大きな注目が集まっている。

シカをまるごと資源化しよう！

シカは主に肉や皮、角の利用が知られているが、
実は骨や胎盤、鞭、筋、尾および内臓など全身の部位が利用可能である。
とくに漢方薬など薬用には欠かすことのできない貴重な資源となっている。

➡126頁～

食肉の活用 ➡134頁～

［開発のポイント］

- 各部位の肉の特性を生かし、全身の肉活用を
- 優れた栄養と機能性を活かして薬膳的活用を
- 需要の低い部位の肉はミンチにして加工を

ウィンナー

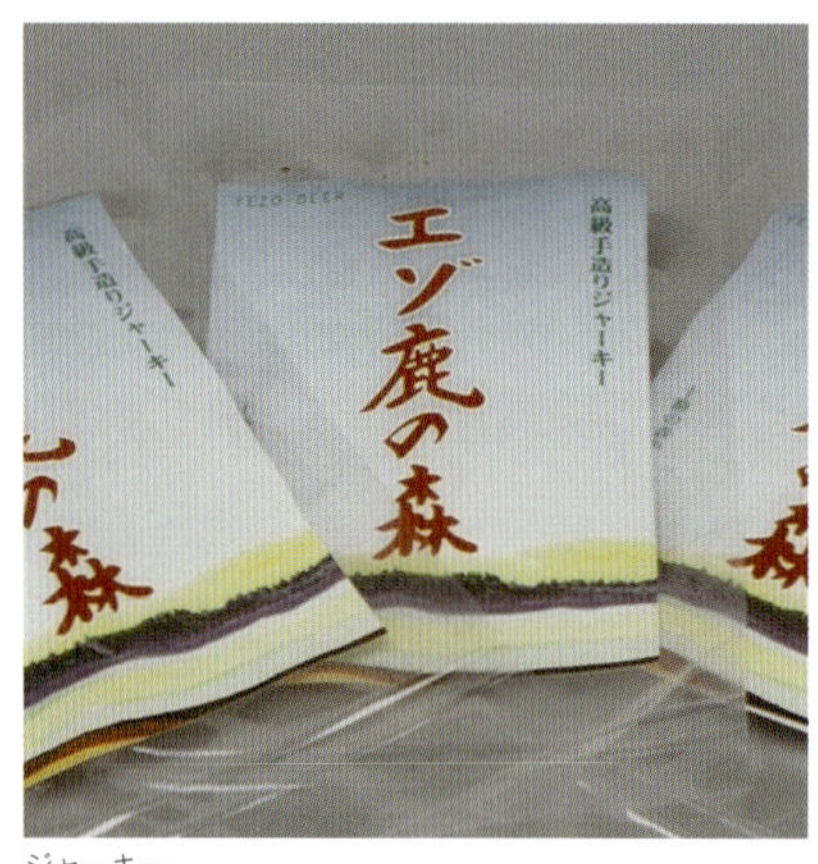

ジャーキー

薬膳料理

江戸のシカ革工芸品復活！金唐革

８世紀に北アフリカで発祥して欧州に伝わり、１５世紀にイタリアで完成された技術。日本には１７世紀半ば（江戸初期）に伝わった。シカ革の持つ微細な繊維構造と可塑性を活かしたレリーフに沈金と金箔彩技法を施した製品。

皮革の活用 ➡147頁～

［開発のポイント］

- しなやかさと強靭さ、吸湿性と通気性など優れた機能性を活かして
- 「日本エコレザー」認定を受けてブランド化を

バッグ

衣装

角（幼角・枯角）の活用

➡155頁～

［開発のポイント］

- 幼角と山薬草をセット利用して加工品を

●幼角酒（原料：幼角　オタネ人参、製造地：高知）
●気快（原料：幼角、霊芝、マタタビ、製造地：福岡）

各種ペーパーナイフ

ペンダント、イヤリング、携帯ストラップ

［開発のポイント］

- 加工のしやすさと耐久性、風合いを生かして加工を

わが国における
養鹿の歴史を振り返る

1980年代半ばから、食肉・幼角生産や観光、地域おこしなどを目的に
全国に広がった養鹿経営は発展途上の産業であったため、
2001年のBSE発生により大きな打撃を受けた。

➡20頁～

過去の事例から ➡20頁～

■ シカとイノシシの飼育による猪鹿肉料亭の経営

今井牧場（岐阜／１９８０年開始／頭数：６頭／品種：ニホンジカ、アカシカ）

■ 野生ジカの生け捕りによる観光牧場の経営

鹿追牧場（北海道／１９７２年開始／頭数：６頭／品種：エゾジカ）

産学連携による鹿肉・幼角の商品開発と観光牧場の経営

原賀牧場（熊本／開始年：１９９１年／頭数：２５０頭／品種：ワピチ、アキシス、ダマシカ）

過去の教訓に学ぶ ➡28頁～

過去の養鹿経営のつまずきを繰り返さないために

①狭小な場所や室内での密飼いを避け、十分な運動をさせる。
②給水と塩分・ミネラルの補充を励行する。
③疾病対策や衛生管理を徹底させる。
④濃厚飼料に偏りすぎず、粗飼料を不足させない。
⑤シカ産物の多角的な利用と商品開発を図り、安定経営を目指す。

八木牧場（長崎／１９９０年開始／品種は赤鹿、日本鹿、雑種）

悪い事例から

・狭小な場所での飼育（栃木、１９９０年）

・畜舎内での密飼い（高知、１９９１年）

これから養鹿経営をはじめるために

まずはシカの生態や行動の特性を知り、
地域の地勢に見合った牧場施設を整備し、地元に生息する在来種を導入する。
飼養にあたっては基本原則をしっかりと踏まえて管理する。

➡64頁～

養鹿に適した立地と環境は ➡71頁～

立地

日当たりがよく、乾燥した場所を

飼育舎

高台で乾燥し、排水のよいところを

放牧場

放牧場内には日よけや隠れ場所も

フェンス

外フェンスは柔らかい素材で２ｍ以上のものを

シカの導入

原則として地元に生息する種の利用を

飼養管理の基本は ➡94頁～

◯雌と雄の鹿舎を離し、雄は年齢と健康で群れ分けを
◯静かな環境をつくる
◯衛生状況と病気予防に気をつける
◯群れの様子（食欲や反すう、糞の形状や臭いなど）をしっかり観察
◯給餌の時間、順番、回数は一定に、季節で給与量の増減を
◯食性の幅の広さを生かし、未利用地の活用も可能

海外の養鹿経営をみる

中国の養鹿経営は長年にわたって自然と共存しながら資源利用を図ってきた。
一方、ニュージーランドの養鹿経営はシカを家畜として広大な土地に導入し、
食肉生産を主力とする。

➡32頁～

中国

[特徴]

- 長い歴史をもち、野生種を馴化し、森林産業として展開する
- 地域により飼育品種が異なり、鹿茸の利用が主役となる

吉林省（品種：梅花鹿）

江蘇省（品種：四不象）

ニュージーランド

[特徴]

- シカが生息していない広大な草地にシカを導入して飼育する
- シカが家畜化され、肉の輸出がさかん

オークランド州（品種：アカシカ）

はじめに

国土の7割以上が森林という地勢的特色をもつわが国では、日本人とシカの関わりはとても古く、それは先史時代までさかのぼれる。その長い歴史の中でシカ肉や内臓は食糧として、毛皮は衣料として、角や骨は道具などとして有効に利用されてきた。その関係は明治維新を迎えるまで続き、その重要性は程度に差こそあれ一貫して変わることがなかった。しかし、農業や工業が盛んになると、肉は家畜の食肉に、毛皮は工業生産の毛織物や化学繊維に、角や骨は高度に発達した道具類にとって代られた。戦後、その傾向はさらに顕著となり、今日の日本人の日常生活にシカが入り込む余地は失われた。

一方、拡大する耕種農業や植林業にとって食害をもたらす恐れのあるシカは、害獣と考えられ積極的な駆除が行われ、また、その生息環境も破壊されたために頭数が激減していった。そこで他の野生鳥獣とともにシカの保護政策がすすめられたが、この政策は必ずしも適切に行われたわけではなかった。その結果、野生鳥獣による農林業被害が拡大しはじめ、今日、シカの出没に農山村は悲鳴をあげている。農林業への被害補償に多額の税出動を余儀なくされるとともに、火銃重点のシカ駆除にさらに多くの血税が投じられている。

それでいて、年間何十万頭を越える駆除シカは生命を奪われるだけで、その物質的資源はほとんど利用されず、無益に死んでいる。人間は動植物の生命をいただいて生きなければならないので、日本人は食前に手を合わせて、「いただきます」と感謝しながら食物を食べているのに、山野で生命を失ったシカの体はほとんど有効活用されずゴミ同然に埋設されたり、野ざらしで放置されたりしている。その状況を多くの日本人は知ろうともせず、毎日の生活を楽しんでいる。今こそ、シカ問題を検証しなければなるまい。

本書はそういった考えのもとに日本人がシカと長く共存してきた歴史的事実をふり返り、今日の深刻なシカ被害の現状を打破するために、有効な術となるシカ産業興しを提言するものである。「古今和歌集序」には「いにしへの ことを忘れじ 旧りにし事をも興こしたまうとて」とあるが、「故きを温ねて新しきを知れば、以て師と為る可し」との思いを新たに、反すう家畜を研究した老畜産学者（宮崎）と家畜・愛玩動物の疾病の診療・治療に当たった老獣医師（丹治）が次世代の若い担い手に期待して、今までシカと関わった40年間の経験を綴って、ささやかながら物することにした。

シカの飼い方・活かし方

目次

第4章 飼養管理の実際

第5章 シカ産物の利用と開発

第1章

シカ被害解決への道すじ

1 農林業被害から見たシカ資源活用の展望

1 シカ被害の広がりと防止対策の限界

広がる鳥獣被害

わが国における野生鳥獣による農林水産業被害金額は、平成18（2006）年以降200億円前後で推移してきた。平成22（2010）年度は239億円で、前年比26億円増加したので近年被害金額は上昇気味と考えられる。同年度内訳ではシカによる被害が77億円と最も多く、次いでイノシシ68億円、カラス23億円、サル19億円となっている。シカ被害は農作物では飼料作物、野菜、イネ、ムギ類そしてマメ類で見られる。

森林被害は、長年5千ha～7千haで推移してきたが、25（2013）年度は全国で約9千haに増加した。そのうち6・8千haがシカによる枝葉の食害や剝皮被害で、全体の75%を占め、もはや看過できない事態と認識されている。イノシシやサルは農業被害をもたらすが、森林生態系の破壊までは至らないが、シカは反すう胃をもつ動物なので、群れで樹皮を食べつくし、木を枯れさせ、ひいては森林全体を衰退させる。さらに、他の鳥獣や昆虫の生息の場所を根こそぎ奪い、生態系の破壊力が強い。野生鳥獣被害の中でシカ被害だけが毎年上昇し続けているのである。

主な被害は幼齢木の枝葉や植栽木の樹皮の摂食、および角こすりによるものである。食害された幼齢木は枯死したり、成長を著しく阻害されたりして、地域によっては成林が困難となる箇所が見られる。また下層植生の食害等によって生物多様性の喪失や土壌流出などの新たな問題も顕在化している。

このような野生鳥獣被害は金額や面積の大きさに加えて、営農意欲を減退させるので、耕作放棄地の拡大につながり、農林水産業界で深刻な問題になっている。一般的なシカ害ではシカが人里まで進出して田畑を荒らし、夜間に畑の農作物を食い荒らし、帰り際に民家の庭先に現れて家庭菜園の農作物までつまんでいく。農作物を荒らされた上に、庭先まで蹴散らかされるわけだから誰だって激怒しないはずはない。とくに収穫直前に丹精込めて育てたものがダメにされるとなおさらである。

これに対し、シカの駆除頭数は昭和64（1989）年の3万頭から年々増加の一途を辿り平成26（2014）年には35万頭に及んだ。しかしそれをはるかに上回る勢いでシカは増え続けた。今から10年後には、北海道を除く全国シカ頭数は現在の2倍に近い500万頭になると推定されている。有害駆除事業費は平成20（2008）年の28億円から26年の100億円と大幅な増額となっているもののその効果は確かでない。

「許可狩猟」による個体数管理対策

シカ被害対策としては狩猟によるシカ個体数のコントロールが最も盛んである。これは特別な審査を経て銃を保有し、発砲を許可された免許所有者である猟師が害獣を駆除するボランティアとして行政から要請が入った場合のみ、駆除できる頭数を上限に害獣を銃殺して捕獲するのである。その行為は「駆除」と呼ばれる。狩りの方法は犬を使い、害獣を獣道までおびき出して撃ったり、犬と争わせて、そちらに気を引かれた害獣を撃ったりすることが一般的である。これは趣味の狩猟に対して、「許可捕獲」といわれる。

しかし、有害鳥獣をハンターが仕留めて増加を抑えることができた長年の歴史は、最近大きな転機を迎えている。全国的に狩猟者の数が減り続け、高齢化が進んでいる。昭和45（1970）年には53万人を数えた狩猟免許所有者も平成22年には約19

市街地に出没するシカの群れ（京都市左京区下鴨）

万人と、40年間に6割以上も減少している。宮崎の住む京都府に限っていえば、平成25年度の狩猟者登録は２６００人しかおらず、しかもその大半が60歳以上と高齢化している。そのため京都府では、野生鳥獣被害総合対策事業費として26年度に4億7百万円を計上した。そのうち有害鳥獣捕獲の新規担い手の確保を重要な柱にしている。新規担い手の勧誘活動や猟銃貸与の支援、捕獲班員を短期間に育成するための講習会の実施に取り組むのである。地域の若手狩猟者の育成を急ぎたいと考え、その手始めとしてＪＡ京都の職員をハンターにする計画が、最近ニュースになっていた。

　また、イノシシが六甲山から毎日降りて来て住宅地に出没するとして有名になった神戸市では農作物被害は年間4千万円となり、人が野生獣に襲われることさえ起きている。ここでもハンター不足が深刻となっている。最近の5年間をみても20名減って、現在１１７名となった。しかも80%が60歳以上である。そのためハンター確保作戦が練られ、35名が訓練を受けていると平成26年1月に報告された。養成期間は1年前後で、受講費用20万円程度が必要なため、市が1名につき8・5万円を助成するという。どうやらそこかしこで野生鳥獣の増殖が頭の痛い問題を引き起しているようである。

　現在、野生鳥獣被害に困っている地域では、市町村などが有害鳥獣捕獲や個体数調整のための捕殺を地元猟友会に委託しているのが現状である。それは、そこにしか動物を捕獲する実力がないからであった。しかし猟友会はあくまでも趣味のグループであって、動物駆除が目的ではなく、森を知り、仲間と狩猟したり、野生肉を食べたりもする人々の集まりなのである。ハンターは野生鳥獣に対する深い理解と感謝の念を持ち、とらえた獲物を「いただく」ことをとても大切にするのである。「埋めるために動物を殺すようなことは、本心ではしたくない」と鳥獣害対策の活動に参加する狩猟者が打ち明けていると、『狩猟始めました―新しい自然派ハンターの世界へ』（山と渓谷社刊）に記載されている。

防護柵による対策の限界

それ以外の被害防止対策としては、ラジウム水和剤とチウラム塗装剤などの忌避剤の幼齢木枝葉および幹への散布、フェンスなどの防護柵設置、シカの嫌う遮光ネットやシート等の設置、さらに植栽木を食害防止チューブで囲い込んだり、荒金や針金を巻きつけたりすることで、木への角こすりや摂食の防止策が行われてきた。

　このうち防護柵に関しては、近年電気柵の普及が著しい。十数年前から北海道で始まり、次第に各地の田畑、果樹園などの周囲に2〜5段のワイヤーが架線される風景が見られるようになり、それなりの効果が上がっている。しかし先頃、奈良県宇陀市の仏隆寺で70年間にわたり観光客に親しまれていた彼岸花が、最近2年間で全滅してしまったとテレビで報じられた。シカ食害によるものであった。近くの田畑が電気柵で囲まれたのでシカがこの花の新芽を求めて食べつくしたという。

同じようなことが瀬戸内海のある島で起こった。隣同士の島の間に橋がかけられたところ、シカ被害対策に熱心な鹿久居島のシカが、もともとシカがいなかった頭島に夜な夜な通ってきて農作物を食べては早朝に橋を渡って帰るという困った出来事が報道された。したがって、シカ被害対策は個々に取り組むものではなくて、総合的に行わなくてはならないだろう。

2015年3月3日、北海道・新千歳空港の滑走路で誘導路など航空機が移動する区域にエゾジカの群れ7頭が侵入しているのが見つかったというニュースが流れた。発着の国内便31便に最高で約2時間40分の遅れが出たという。群れの侵入経路は不明であったが、除雪車など車輌9台を出して追い払ったことで、幸い機体とシカの接触はなかった。空港事務所では、1.8mのフェンスの上に有刺鉄線を張っているのでどこから入ったのか不明と当初語っていたというが、シカにとって2mのフェンスは容易に飛び越えられることが意外と知られていないのだと思った。

エゾジカに詳しい石島芳郎は「第3回　人と鹿の共存と交流全国大会」の記念講演で、「エゾジカを飼うにはフェンスは2m50cmの高さでなければならない。もちろん、2mから先は、細い線を2〜3本引いておくと引っ掛かるから大丈夫です」と話されていた。そのとおり、翌朝空港内に再び5頭が現われ、追い払われたとのニュースがあった。シカが手ごわい動物と改めて知った人々が多かったことと思う。

かつて村の共同で築かれた鹿垣

かつては鹿垣（ししがき）とよばれるシカの農作物食害を防ぐ目的で耕地の周囲を木柵や土塁、石垣などで囲み、シカの侵入を防ぐ設備が造られていた。中世ころから、個々の耕地を囲む設備はあったが、広大な地域を多くの村落が連合して防御しようと共同で鹿垣を構築する動きは、江戸時代の中期、享保〜宝暦（18世紀中期）ころから盛んになった。この場合、垣は2m以上の高さが必要であった。鹿垣は山腹を掘り、うがったり、谷側に土石をつみ上げたりした恒久的な空堀または防塁、木柵や木を密生させたものもみられた。木曽山脈の東麓では50〜60kmにわたり、ほぼ連続した土塁が山麓線に沿って築かれた。

これは村普請または数カ村の連合によって築かれ、藩の入用援助がなされたこともあった。小豆島には延長120kmに及ぶ土塁と石垣が残っているが、明治時代まで畑のさつまいもや野菜を守っていたといわれる。猪垣はイノシシの身長以上の高さに造れば十分とされたが、川筋や谷筋に沿ってイノシシは山から出てくるので、その代り水門を設けて水路からの侵入を防ぐ工夫が必要であったといわれる。鹿垣や猪垣はいずれも鹿垣（ししがき）と呼ばれていたが、その動物の肉が食用となる大型獣の総称が「鹿・宍（しし）」であったからである。現在ではこのような大がかりな土木工事をするところはほとんどないが、中部地方の鹿垣では電気柵で補強しているところがある。

設置・管理の安全性が求められる電気柵

この電気柵であるが、近年、野生鳥獣による農作物の被害が深刻化する状況を受け、全国各地で設置されている。安全面での注意は欠かせないが、費用が比較的安くて気軽に設置できることから、戦後間もない頃から使われてきており、電気の扱いには素人である農家などが思いがけない場所に設置するようなこともあるという。

経済産業省や業界団体では、平成21（2009）年に兵庫県で起きた電気柵による感電事故を契機に、設置に関する安全基準を設けるなど、人に危害が及ばないように呼びかけてきた。にもかかわらず、平成27（2015）年7月には静岡県西伊豆町で痛ましい死亡事故（7人感電、うち2人死亡）も起きている。そのため、全国各地の自治体は電気柵の実態把握を急ぎ、事故防止策を周知徹底しつつある。

廃棄処分される駆除動物

これらはオーソドックスな防止法といえるが、それだけでは効果的に頭数コントロールができていないとして、いささか過激かと思える方法がニュースに最近出はじめている。平成26年暮れの新聞には「これシカない」と、食害が深刻なシカ対策としてシカの天敵オオカミを導入してみてはという記事があった。これはアメリカのイエローストーン公園で効果が見られたことを根拠としているが、わが国の生活環境を考えると実現不可能であろう。ただし動物育種技術の発達による、人畜に害を及ぼさないオオカミや山犬のような犬種の開発には夢を残しておきたいものである。また薬物投与によるシカ撲滅法とその普及も紹介されていた。さらには反する動物特有の急性中毒死をもたらす植物中の硝酸塩に注目し、硝酸塩入りの餌を食べさせるアイデアも登場し、学会でも報告されている。

これに対し、シカを資源として有効利用していく考えも根強くある。駆除された動物の有効利用は、と体処理施設数が平成2（1990）年度の10か所から平成22年度の80か所に増加し、26年度には200か所と顕著に増加しているものの、多くの施設では稼働率が低く、赤字運営といわれている。こうした中で駆除動物のわずか5％程度が処理施設に持ち込まれていることから、大部分の駆除シカは焼却処分や山野に地中埋設、さらには、野ざらしなど廃棄処分され、資源として利用の途が断たれているようである。施設においても猟銃で仕留められたシカは部分的にしか食用できないし、皮革も同様に弾痕のため使い勝手が著しく悪い。このように、現在シカは人間生活に役立つ資源として利用されることは極めて少なく、とくに銃によるものはほとんどが廃棄物扱いとなっていることには問題があり、そろそろ再考すべき時期が来ていると思われる。

2 狩猟から保護への歴史をふり返る

狩猟対象から保護対象へ変わったシカ

有史以前からシカはわが国で最も一般的な狩猟獣であった。とくに山間部ではシカは冬季の食糧と認識されていた。シカは雪に弱い動物なので、越冬場所に雪が多いときには猟師は追込みをかけて簡単に大量に捕獲できた。その結果、北海道や東北地方ではところによってシカが絶滅したことがあった。その一方、人口増加が著しかった江戸時代前期には耕地の拡大によってシカやイノシシの生息域は狭められた。中期以降、耕地へシカやイノシシの侵入を防ぐ目的で鹿垣が全国的に建設された結果、平野部にそれらが出没することは稀になり、その状態は明治に至るまで続いた。

明治時代になって北海道でエゾジカ猟の一部規制が始まり、やがて全面規制措置がとられた。全国的には明治25（1892）年に「狩猟規則」の制定で、1歳以上のシカの捕獲が禁止された。明治34（1901）年の改正によりシカの禁猟は解かれた。大正7（1918）年の再改正のとき、「狩猟法」という名で制定されると、シカは狩猟獣として狩猟対象の野生動物扱いになった。その後は「雌ジカを狩猟獣から除外」が一時的に措置されたり、「狩猟期間の短縮」などの措置が講じられたりしたが、昭和22（1947）年に到るまでシカは捕獲され続けた。その間、シカの個体数は減少気味になっていたが、戦中、戦後の食糧不足時には密猟を含めて極端な乱獲がすすんだ。加えて、戦後には占領軍兵士や軍属たちがスポーツハンティングを楽しんだので、個体数は著しく減ってしまった。

もちろん、食糧増産のための土地利用の拡大は、同時にこの減少に拍車をかけることになった。昭和23（1948）年「狩猟法」は改正され、保護の観点が強くなり、雌ジカは狩猟獣から除外された。昭和25（1950）年には雄ジカのみを狩猟獣とすることが定められた。

鳥獣保護の一層の強化へ

しかし、それでもシカは依然として減り続けたため、北海道をはじめいくつもの都道府県でシカは捕獲が全面禁止となる。昭和38（1963）年「鳥獣保護及狩猟ニ関スル法律」（以下、鳥獣保護法）が制定され、さらに昭和53（1978）年の改正で特別保護区の規制強化がうたわれ、立木竹以外の植物や落葉落枝の採取、火入れ、犬その他鳥獣に害を与えるおそれのある動物を入れることなども許可を要する行為として加えられ、鳥獣保護の一層の充実を図るとともに狩猟の適正化が図られた。保護政策が奏功しはじめた昭和45（1970）年頃から、生息数の回復がみられた一方で、一部の地域で農林業被害が報告されはじめた。

そこで、昭和53年以降、環境庁が雄ジカの捕獲を1日1頭に制限し、保護に努めた。ところで1日1頭ということは1日にシカ1頭を狩猟で撃てるという意味であり、殺したシカはそのまま土中に埋設せよということであった。ただし暗黙のうちにシカ肉は流通したし、剥製を作ったり、毛皮を利用したりすることは認められていた。それでも大っぴらにはできなかった。したがって、法的にはシカを生け捕って養鹿しようという発想は認められていない。これが養鹿への道を長年閉ざしてきた理由であった。昭和55（1980）年以降、各地でシカの個体数が増加し、農林業被害と自然植生への悪影響が深刻化していった。そこで、環境庁は平成6（1994）年より、一定の条件のもとで雌ジカの狩猟獣化を許可し、平成10（1998）年にシカを含む毛皮獣の狩猟期間の短縮措置を廃止し、北海道では捕獲頭数制限を変更し、1日2頭のシカ狩猟を認めた。

保護重視から個体数管理へ

しかし、それでも被害は拡大し続けたため、平成11（1999）年には鳥獣保護法が大幅改正されて、「特定鳥獣保護管理計画制度」が創設された。平成18（2006）年には再度改正され、休猟区でもシカやイノシシなどの狩猟を可能とする「特定休猟区制度」の創設や網、わな免許の分割が行われて現在に至っている。この法律は平成26（2014）年5月にも改正され、「鳥獣の保護及び管理並びに狩猟の適正化に関する法律」となり、翌年度から施行されている。これにより野生鳥獣の法的な「管理」という側面が、これまでより強調されることになった。従来の保護重視の政策を大転換し、生息数を適正な水準に減少させ、生息地を適正な範囲に縮小させようというのである。都道府県が実施する捕獲事業の場合、夜間の猟銃使用や住宅集合地域での麻酔銃猟を許可した。網やわなで捕獲する免許の取得年齢も、それまでの20歳以上から18歳以上に引き下げている。

「管理」の意味するところは、農林水産業に被害を及ぼしている野生鳥獣の個体数や生息域を「適正な水準」に減少または縮小させることであった。昭和46（1971）年に「鳥獣保護法」を管轄する省庁が、農林省内の林野庁から新設されたばかりの環境庁（平成13〔2001〕年より環境省）に移管され、運用されるようになった。これが誤りの第一歩となったように考えられる。すなわち、それからというもの、この法律が本来の目的を十分に果たしているとは言い難い事態が起きているのである。ここ数十年間、鳥獣被害が年々激しくなって、今や甚大な農林業被害に苦しむ人々の間では、この問題をこのまま放置してよいのかとの声があがっている。今日のようなシカ被害をもたらした元凶は環境省内の鳥獣保護に関わった関係者にあり、法律の趣旨を適正に行政に活かせる能力の欠如には目を覆いたくなる。農水省側としても、環境省に遠慮があってか、この問題の解決に十分な対応をしてこなかった点を反省してもらいたい。困りはてているのは農林水産行政を頼りにして生産に従事してきた農林業者であることを想起すべきであろう。今や縦割り行政の弊害は看過できない状況となっていることに気付いて、野生鳥獣による農林業被害に関してだけでも農林水産省がすべての責任をとる形で引きとって大胆な施策を講じて解決すべき、と声を大にして提案したい。

3 なぜシカはここまで増えたのか

シカの繁殖力を抑えてきた捕食者の消失

現在（平成27〔2015〕年）、北海道を除いてシカが約250万頭いるといわれ、それが従来どおりの対応では10年後に約500万頭になると推定されている（平成25〔2013〕年環境省・農林水産省試算）。そのため新しい鳥獣保護管理法への期待は大きい。増え続けた被害への対策が適切に実行されることを期待したい。

ここで、なぜシカがこれほどまでに増えたのかを考えてみたい。そこでまず注目されるのは、シカの旺盛な繁殖力である。シカは生まれて2年目の春に子を産みはじめ、毎年1頭ずつ子ジカを育てる。野生状態では寿命は雌で6～8歳というから、6頭程度育てることになる。森林総合研究所の北原英治氏によれば、兵庫県内での調査で年齢別の雌ジカの妊娠率は1歳で70％であった。6歳までには95・5％が妊娠していた。さらにシカでは比較的高齢とされる10～15歳でも87・1％の妊娠率であった。長生きの雌ジカもこのように高い繁殖力をもつのである。

こうして生まれた子ジカは、以前はオオカミや野犬などによ

図1　シカの生息数と捕獲数、処理施設数の推移

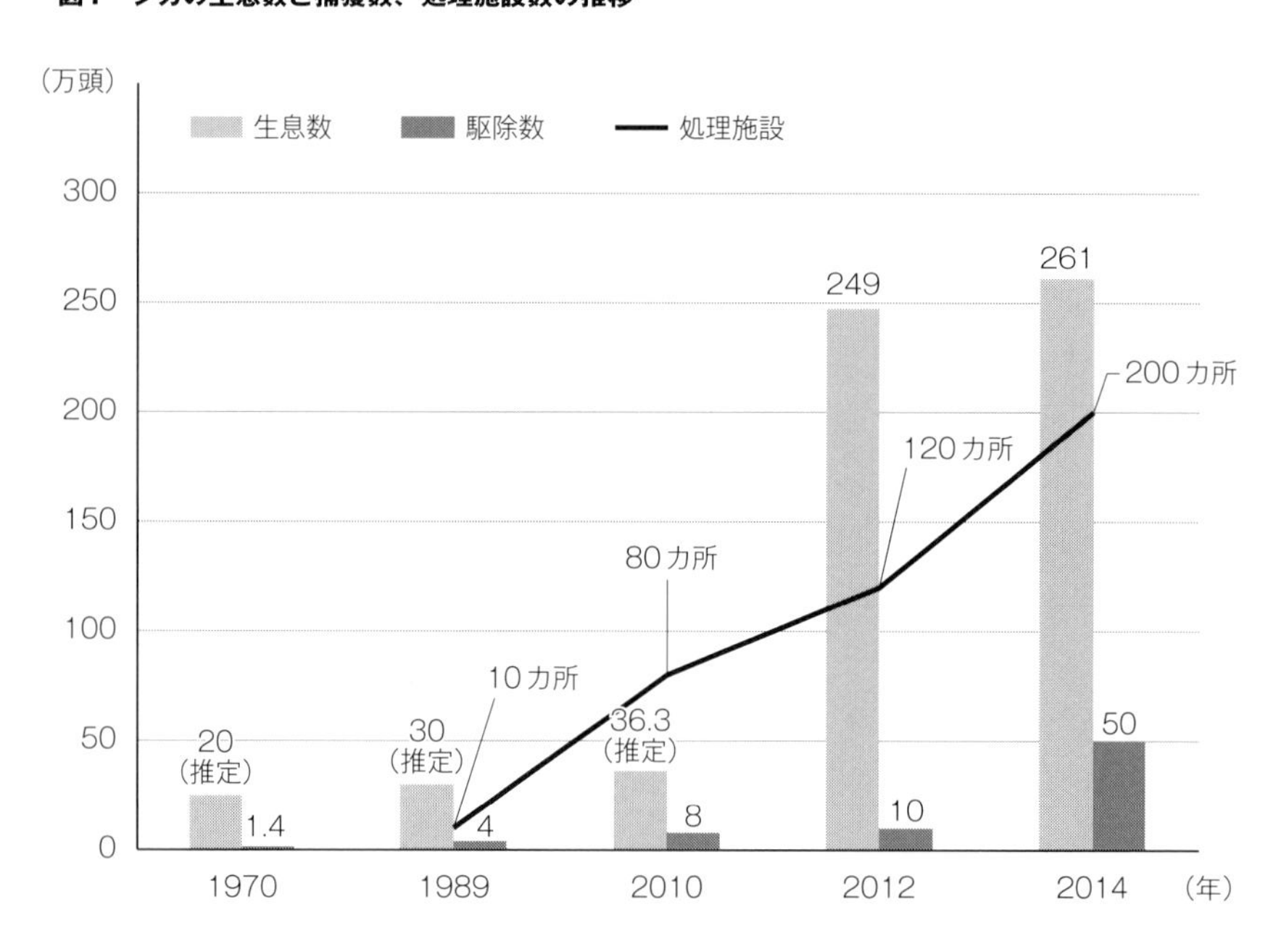

く捕食されていた。しかし、今日ではオオカミは明治38（1905）年に奈良県・大台ケ原で捕獲された雄を最後に絶滅した。野犬も極めて少なくなった。野犬が盛んにシカを食うことは明治43（1910）年、日光御猟場で一斉に野犬狩りが実施され、70頭を銃殺して解剖したところ、消化管内に多くのシカの毛が検出されて広く知られるようになった。そのとき明治天皇御猟犬犬舎の水口幹知は「野犬は野獣なり」と言った。

一般に食物連鎖には頂点捕食者が不可欠であるが、オオカミ絶滅後、その役は人間が代替することになってしまった。それが今では農山村の過疎化、高齢化のために狩猟者が激減し、シカ個体数調整機能が消失しつつある。シカの増え方に関して、今から60年前にエゾジカが北海道で森林伐採や乱獲のため絶滅寸前となり、保護策がとられると、55年後の今から5年前（平成22〔2010〕年）には、史上最高の64万頭を数えるまで回復したのであった。シカ問題の行く末を暗示しているように思われる。

人の気配の無さがシカを呼ぶ

さらに森に人の気配が少なくなったことも挙げられる。かつて森には林業従事者をはじめ、炭焼きに来る人が多かった。そのほかにも近くの農村から薪を拾いに来る人、堆肥づくりの材料となる落ち葉を集めに来る人も少なくなかった。そうした人々によってシカはしばしば追い払われて人里に近付きにくくなっていたが、今ではその状況も一変した。

耕作放棄地の増加もシカの増加につながっている。山間地では効率よい農業生産ができにくくなって耕作が放棄され、さまざまな植物が生育し、藪を形成するようになった。そこは森からシカが人里に出る途中の隠れ場所になってきた。

農地の中には人手不足で放棄状態の田畑が点在するようになり、そこには出荷しなかった農作物が十分に埋められずに放置されている。それはシカにとって餌付けしたのと同じ格好になる。野菜によっては豊作のため出荷調整したりするとトラクターで踏みつけてはいるが、それもシカにとってはご馳走となる。その結果、シカは野生状態でありながら、かつてなかったほどに栄養状態が良好になった。それは従来、シカ個体数の自然的コントロールとなっている冬場の高い死亡率を改善させている。

シカは大雪が降り積もれば、冬の餌場で食べ物にありつけずに何十、何百頭とまとまって孤立し、捕獲されてしまうことがあった。しかし、地球温暖化のためか、年々積雪量が少なくなったようである。その結果、シカが移動して餌にありつく機会が増えている。このように近年、何から何までシカの生息増加に有利な方向に事が運んでいるように思われる。

4 シカの準家畜化で地域を元気に

準家畜化がシカ資源活用への道

シカが食物であることを忘れた日本人、衛生的な食肉処理を当たり前とする食生活、そして味にうるさくなった生活環境の中で、シカは先祖代々食べつがれた肉だといっても、多分多くの人は聴く耳を持たないだろう。現在肉として流通するシカは、と畜・解体処理施設と処理にあたっての衛生基準が都道府県等の定められた基準に適合してはじめて許可が受けられ、定められた管理運営基準を順守して生産されているとはいえ、家畜からの食肉生産とは安心の点で雲泥の差があるであろう。山深い場所で少頭数が猟銃やくくりわなで捕獲されているという現状では致し方あるまい。また、味の点でもシカを食べるモチベーションが高いとは言いきれない。

それでもシカ被害を減らそうとするならばシカを「準家畜」扱いして、その生産物を有効に活用していくことが大切であろう。かつてチェルノブイリ原発事故の後、ポーランドの森に死の灰が降り、シカ猟ができなくなったとき、ジビエを楽しめなくなった欧州のシカ肉需要に応じて、ニュージーランドや中国など世界のいくつかの国で養鹿産業が増えた。野生ジカを捕獲して柵内で人工的に飼育して出荷したのであった。それはまさにシカの準家畜化であり、進んだ畜産技術をシカ飼育に応用し、採算性のある産業を成立させた。ニュージーランドのアカシカ牧場はその最たるものであった。

宮崎は昭和62（１９８７）年、全英養鹿業協会年次大会に招かれ、ニホンジカについて話題提供を行ったが、その時、世界の代表的なシカ牧場からの養鹿報告を聞いて驚いたことであった。しかし今、別の理由でシカ問題がわが国で看過できない事態におちいっている。今後、その方向に活路を求めるとすれば幸いなことに、北海道における「エゾジカの有効活用事業」という先進事例が大きな示唆を与えてくれそうである。

北海道では道庁が平成17（２００５）年度からこの事業を始め、平成22（２０１０）年度は捕獲頭数11万頭のうち1万3千頭をエゾジカ解体処理場に持ち込んだ。その過程で野生エゾジカを生体のまま捕獲し飼育後に解体処理して肉を出荷する「一時養鹿」という新たな形態を生み出した。その経験に学ぶ必要があろう。

世界中ですすむ養鹿によるシカ資源活用

猟銃に頼った捕獲ではシカの備えもつ肉と皮革という二大生産物を有効活用できない。銃弾がそのいずれの生産物をも傷める可能性が高いからである。生きたままのシカをつかまえるには飼料不足となる冬季にシカを引き寄せて、箱わなやおりでの捕獲が効率がよい。餌付けが成功すれば一網打尽も夢ではない。これを養鹿施設である期間飼い直しすることも考えられる。その場所は遊休地や耕作放棄地、河川敷の一部に求められよう。そこを大きくフェンスで囲って、その中を草地化したり、食品残渣、野菜くずの運び込み場にしたりするとか、河川敷管理者から占用許可を得て除草工事にとってかわる雑草の有効利用になれば、一石二鳥の資源の再循環となる。

また、里山を丸ごと電気柵で囲ったり、自然的地形を活かして部分的に柵を補強したりするなどしてシカを囲い込んだりしながら、秋が深まったときに一定頭数を間引きして処理施設で衛生的にシカ肉を生産したり、傷の無いシカ皮の原皮をとったりすることも考えてよかろう。中国ではそのような養鹿に関して、囲いすら設けず多頭数のシカを養っているところがある。ドイツにも山一つ全体を囲ってシカ牧場とし、定期的にシカを捕らえて出荷している経営があるし、スペインにも丘陵地全体をシカ牧場にしている例があり、そこでは囲いらしいものは目に入らなかったと教えてくれた人もいた。

丹治はかねてよりシカを持続可能な資源として考え、人とシカが共存する魅力ある村づくりを提唱し、獣医師や畜産関係者に加えて生物多様性推進の専門家らが主導して、シカの馴化と癒し放牧、衛生管理と疾病予防を行う、「癒遊鹿苑構想」を発表してきた。それはシカを害獣視せずに癒しの主役と考えて、(1)シカを馴化して山村景観に活かす、(2)シカと共存して生態系を守る、(3)シカの特性を知り、農林環境の保全を図る、(4)シカを見ながらリハビリ効果を期待する、(5)シカ資源を活かして、新しいビジネスを創出し、地域文化を次世代に伝える、というシカ資源をまるごと地域振興に活かす構想であった。

世界の畜産技術の中には養鹿に応用できそうなものも少なくない。宮崎がかつてオーストラリアのダーウィンで見たキャトル・マスターでは、大規模なものではヘリコプターを十数機繰り出し、野生化した牛や水牛を翼で起こす風で煽りながら、群れを空からまとめていた。今日ではドローンの活用などで、もっと小規模な牛集めが可能であろう。その結果、ある程度頭数がまとめられると、そこでランドクルーザーとよばれるジープのような自動車がヘリコプターと連絡をとりながら、地上部で群れを誘導し、柵内に牛や水牛を追い込む。それを移動式と畜施設や野生水牛専用のと畜場でと畜して、牛肉や水牛肉を生産していく。調査した平成元（１９８９）年、そういう形態と手段で生産される食肉は年間３万５千頭前後であったから、かなりの量になる。と畜場では部分肉を箱詰めにして牛肉はアメリカの有名なハンバーガーチェーン店に輸出し、また水牛肉は西ドイツに輸出してソーセージの原料にしているとのことであった。

シカ産業おこしで「シカ活用新時代」へ

それにしてもわれわれ畜産・獣医関係者は、今までシカにあまりにも無頓着すぎた感がある。農水省はシカの問題には野生鳥獣保護を司る環境省、衛生面で食肉に関わる厚労省に遠慮してか、ほとんど手を出そうとはしなかった。平成２（１９９０）年７月半ば、農林水産省畜産局家畜生産課で高知新聞記者が聞いた説明では、「養鹿について関与すべきはしたいが、需要の見極めが肝心。衛生の心配もある。関与策を講ずるとすれば、シカ問題全体を掌握してからになる。とにかくもう少し時間が欲しい」と、および腰だったという。（「高知新聞」平成３〔１９９１〕年４月13日～４月18日連載記事「シカを囲え」より）。25年が経過してもその姿勢はあまり変化していないようである。

また、学会関係を含め、シカに関する研究、調査は、畜産学会や獣医学会ではなく哺乳動物学会で、そのほとんどが発表されてきた。しかし、シカの肉は、歴史的に日本人の重要な動物性食材であったし、牛や羊と同じ反すう動物であるシカについても畜産・獣医分野で進んだルミノロジーの知見をはじめ多くの研究成果を積極的にシカ問題解決に応用すべき時期に来ているように考えられる。今までシカに関わった全国の人々の英知を集め、また畜産・獣医関係者の知識を投入すればシカ被害対策でスタートしながらも新しい産業おこしにつなげていけるに違いない。

こうしたことが実現できたとしても、シカ肉や内臓の味に日本人が慣れ親しむまでにはかなり長い年月がかかるに違いない。そこで取りかかりとしては、まず肉や内臓を加工して日本人の好みに合う食品を開発し、シカを食べ慣れることであろう。このようにして、先祖がシカによって生命をつなぎ続けた長い歴史的記憶をよび覚ますことを期待して気長に待つことにしたい。そしてその間、シカの皮革をよい状態で得るようにして、わが国が世界に誇る皮革製造の加工技術を駆使して良質な皮製品を世界の市場に向けて売りだすのである。こうした皮革産業の発展によって、養鹿施設で人工的に飼育されるシカの飼養管理に必要になる生産費を賄っていけるならば、やがては肉に期待される販売とあわせて健全な新産業の発展につながるであろう。そして、いつかは「シカ被害対策に苦慮した、そんな時代もあったね」と思い出したいものである。

シカ産業おこしの提言への反応

平成27（2015）年、筆者らが「畜産・獣医関係者の力で養鹿産業を興そう」という提言を『畜産の研究』の3、4月号に連載したとき、その素稿に目を通された養賢堂編集部の加藤仁氏が、次のような含蓄に富むコメントをくださったので、今後多岐にわたる議論が百出することを願って紹介してみたい。

「なぜシカ肉が食べられなくなったのかを本稿（案）を読みながら、私なりに考えてみました。一つは明治期の西洋化、二つ目は第二次世界大戦後の西洋化という二度の西洋化がポイントだったのではないかとおもいます。シカの家畜化が牛、豚、鶏、羊に比べて非常に遅く、ようやく近現代において養鹿技術が完成しつつあるが、肉用畜としての育種改良などはほとんど手つかずの状態で家畜としての完成度はまだまだ低いと言わざるを得ない。つまり日常食（西洋食）の食材としてはシカ肉の入手は非常に困難であり、それが日本の食卓からシカ肉が姿を消してしまった原因であると考えました。日本人の洋食化がシカ肉食衰退の原因と言いましたが、もっと言うならば本来、シカ肉は縄文時代から連綿と続く伝統的な『和食の食材』であったと言いたいのです。もともと『肉は近くの山から獲ってくる（日本的な）もの』から『遠い牧場から市場（店）を通して買う（西洋的）もの』になったことで、食材の選択肢から外れてしまったと言うことです。ですから、新しく西洋食や洋服としてのシカの利用を図るよりも、本来持っていた和食や和装としてシカ文化を見直すほうが、日本人のＤＮＡには馴染みやすいのではないでしょうか。失われた文化を取り戻す（よみがえらせる）と言い換えても良いかもしれません」

今年も子ジカが誕生するシーズンがめぐってくる。それらが害獣として嫌われ、無駄死させられるのか、あるいは「山の幸」として感謝の念をもって「いただきます」と大切に活用されるのか、「シカ活用新時代」の到来が切に待たれ、その担い手として若い読者の皆さんに期待したい。

2 養鹿への挑戦 ―シカ飼育の歴史と現状

1 日本における養鹿のはじまりと発展

シカの家畜化の提言

シカを家畜として人間生活に役立てようという考え方は古くからあったが、明治５（１８７２）年、ニュージーランドの学者Ｈ・Ｚ・ウィルソンの「不毛の土地で養牧可能な第三者の家畜・シカ飼育を検討すべきである」という提言は、羊と牛による畜産業が盛んな同国で発想されたものだけに画期的な発言であった。これはその後、発展をとげつつあった牛や豚、鶏による世界の畜産業の展開の中であまり評価されてこなかった。ところが１１１年経った昭和58（１９８３）年、東京で開催された第５回世界畜産学会議において、この提言は今日的意義があると評価され、再びシカ産業の基礎固めに着手する必要性を多くの人々に認識させたようであった。それは細々と養鹿経営を立ち上げてきたわが国の農山村地域に小さな燈火をつけていった。

日本における養鹿思想のはじまり

その後、10年あまり経って、「第３回　人と鹿の共存と交流全国大会」が平成７（１９９５）年10月に「源頼朝那須の原でのシカ狩とアカシカ養牧の地」栃木県黒磯市で開催された。主催者挨拶で実行委員長を務めた藤田政寿・黒磯市長が「シカとの関係では黒磯市はそれほど多くはないわけだが、実は１１０年ほど前に外務大臣をなさった青木さんが別邸周辺にアカシカを飼っていたという話があります。これが日本における養鹿思想のはじまりだと、こんな話も聞いております」と話された。

そこで調べたところ、明治22（１８８９）年第一次山縣有朋内閣の外務大臣を皮切りに何回か外相を務めた青木周蔵という明治・大正期の外交官兼政治家とわかった。若い頃、ドイツに留学し、その後外交官としてドイツ公使として滞在し、同国に25年間生活し、日本におけるドイツ通の第一人者としてドイツの政治体制や文化の導入を図った人であった。ドイツ貴族地主にあこがれて国内でそれが実現できないものかと考え、37歳にして那須野が原の原野に青木開墾農場（１５７６ha）をつくった。これは松方正義の千本松農場（1640ha）に次ぐ規模であった。

原野に佇む白亜の洋館は旧青木周蔵那須別邸として、平成11（1999）年、国の重要文化財に指定されている。明治の殖産興業時代に彼は農業振興を先導したのであった。ドイツ貴族令嬢と劇的に再婚したことでも有名であった。洋館内の板壁には3頭の大ジカの角が飾られている。彼は避暑に訪れてはここでシカ狩りを楽しむことを常としたと伝えられるが、そのシカは輸入したアカシカであった。ドイツ式生活を続けていたのだから、さぞかしジビエ料理を楽しんでいたに違いないと思われる。まさにこれが日本における養鹿思想のはじまりといえよう。

1960年代から本格開始した養鹿

その全国大会での公開資料によれば、わが国の養鹿場は大正14（1925）年に一カ所が開設されてはいるが、そのほかすべては昭和39（1961）年以降に開設されている。昭和39年には神鹿として神社に飼育されていたものが1カ所、観光用に公園などで小規模に飼育されていたものが青森県、新潟県、埼玉県、千葉県に4カ所あった。昭和45（1970）年には野生シカの保護と利用を目的に北海道鹿追町で養鹿場が造られ、そ

図2　外国産シカの輸入頭数と品種

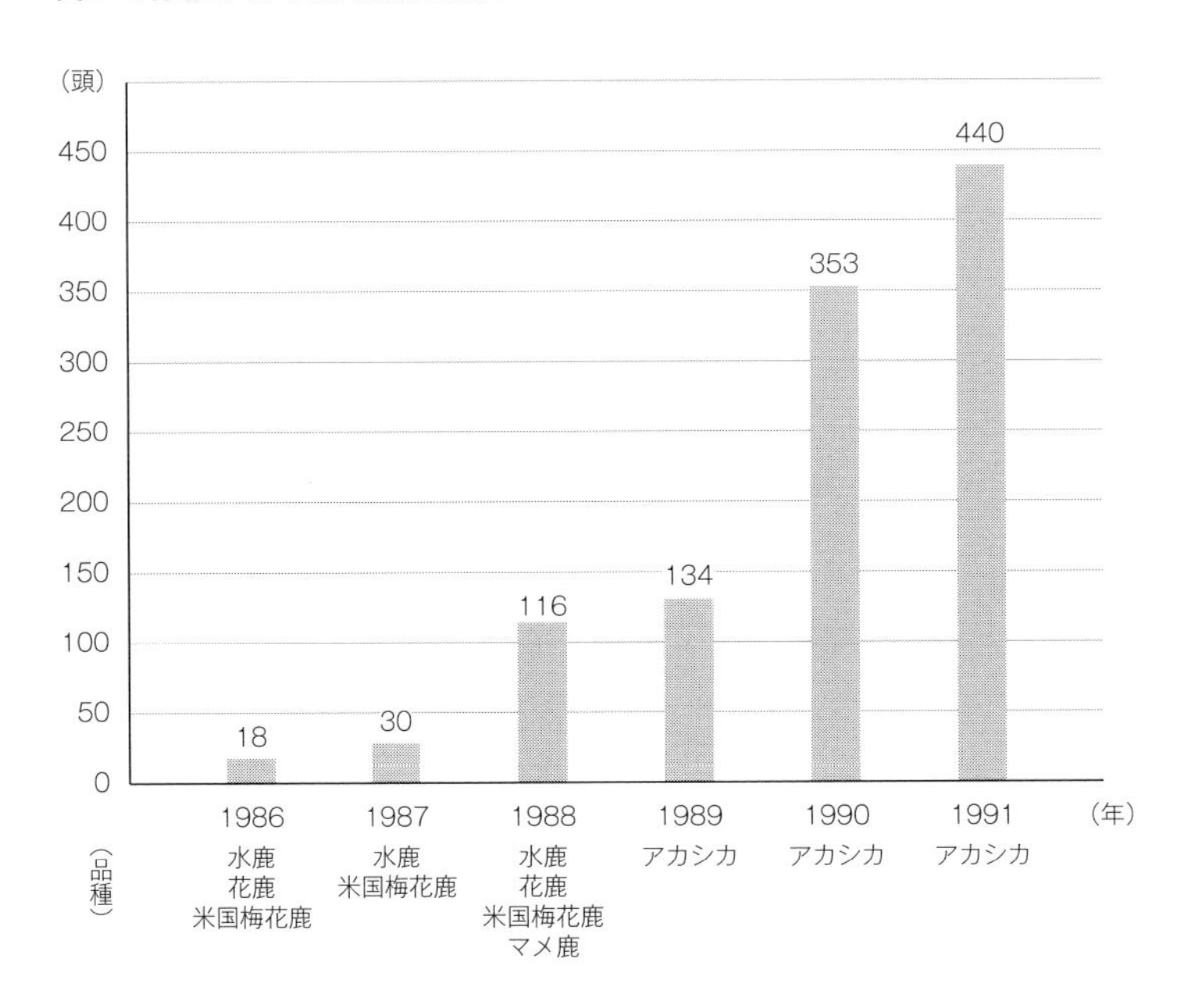

の後、同町商工会グループがシカ捕獲をはじめ、わが国最初となる管理を意識した養鹿が試みられた。その頃から養鹿という言葉が目につくようになった。

昭和50（１９７５）年には、村おこしと野生ジカの有効利用の観点から、鹿茸（ろくじょう）やシカ肉などの利用が始まった。昭和55（１９８０）年には、岐阜県の猟師が当時わが国で最初といわれるシカ・イノシシ肉専門店の経営を始めた。扱う肉はすべて飼育するシカやイノシシのものにすべく、店舗に隣接して養鹿・養猪場を開いていた。

昭和56（１９８１）年には長崎県で個人が養鹿を開始した。そこでは鹿茸生産を目的とし、平成２（１９９０）年には厚生省（当時）から、鹿茸エキス認可を得て規模拡大を行った。現在でも24haの草地に約1千頭を飼育し、唯一養鹿場として順調に発展している。そのころには一方で、野生ジカによる農林水産業への被害が問題視され出し、養鹿という言葉も一般的に使われるようになり、養鹿場の数も徐々に増加していった。昭和58（１９８３）年、第5回世界畜産学会議の分科会でシカの飼育が検討されたこともあった。昭和59（１９８４）年には宮城県河北町が、シカ資源の利用を狙いとして補助事業による養鹿をスタートさせた。それでも昭和60（１９８５）年で14カ所と少なかったが、やがて急速に養鹿場の開設がすすんでいった。

平成元（１９８９）年にはそれが34カ所になり、以降個人経営に加えて企業が経営に参入してきたため、牧場数が増加するとともに大規模な養鹿場も出現するようになった。平成６（１９９４）年には全国で90カ所になった。その多くは鹿茸生産やシカ肉生産、そして観光利用をしながらある程度の経済的効果を期待していた。

養鹿事業の発展と養鹿協会の設立

飼養されるシカの頭数は、全国で平成元年２０５８頭、平成2年３１９８頭、平成３（１９９１）年４１１１頭、平成４（１９９２）年４８０２頭、平成５（１９９３）年４８５９頭、平成6年５９００頭と、順調に頭数を伸ばした。その一方で、シカの輸入もこの間に急激に多くなっている。昭和62（１９８７）年には30頭、翌年は１１６頭、翌々年は１３４頭であったが、続く平成2年には３５３頭、その翌年は４４０頭と、うなぎ上りであった。このように増えたのは、昭和62（１９８７）年に農水省によってシカが特用家畜に認められたためと考えられる。同年、「産業動物の飼養及び保管に関する基準」が畜産局家畜生産課から告示され、すべての産業動物に適用されることが決定した。この基準は、「牛、豚、鶏等一般的に生産、流通されてい

表1　全国のシカ牧場での飼育頭数と品種（平成2年3月31日現在）

シカ牧場		頭数				品種
		雄	雌	子鹿	計	
北海道	十勝農協	9	11	7	27	エゾジカ
	鹿追町エゾジカ保護協会	10	27	14	51	エゾジカ
	鹿追町農業協同組合	8	7	2	17	エゾジカ
	足寄町	4	10	6	20	エゾジカ
	桜井勝義	0	2	0	2	エゾジカ、ニホンジカ
	佐藤健二	2	3	2	7	エゾジカ
	山本三喜男	9	12	0	21	エゾジカ、ニホンジカ
	新興産業（株）	22	30	15	67	エゾジカ、アカシカ
青森	日本農林生産組合	64	98	41	203	水鹿、美国梅花鹿
	弘前市弥生いこい広場	2	2	1	5	ホンシュウジカ
	金木町芦野公園	3	6	4	13	ニホンジカ
	青森市合浦公園	1	3	0	4	ニホンジカ
	三戸町	8	5	5	18	ニホンジカ
岩手	三陸町ふるさと振興	55	100	60	215	ニホンジカ
	東北オノダ興業（株）	25	25	11	61	ニホンジカ
	有）橋本ファーム	2	56	21	79	アカシカ、エゾジカ
宮城	河北町養鹿生産組合	20	19	8	47	ホンシュウジカ
秋田	神岡町	5	4	4	13	中国梅花鹿
山形	最上町営前森牧場	6	10	3	19	ニホンジカ
	蔵王温泉観光（株）	5	3	6	14	梅花鹿、エゾジカ
	大平山荘	5	6	3	14	ニホンジカ
福島	東和町養鹿研究会	11	17	13	41	美国梅花鹿
	棚倉町観光協会	2	2	3	7	ニホンジカ
	吾妻高原牧場利用組合	1	1	0	2	梅花鹿
茨城	鹿島神宮	10	14	5	29	ニホンジカ
	富田勇一	1	1	0	2	ニホンジカ
栃木	森隆夫	8	17	6	31	アカシカ、ニホンジカ
埼玉	おがの鹿公園委員会	6	22	2	30	ホンシュウジカ、ヤクシカ
長野	大鹿養鹿生産組合	5	26	12	43	ホンシュウジカ、ヤクシカ
	前澤治夫	1	1	0	2	ホンシュウジカ
	長谷村	20	48	16	84	ニホンジカ、ヤクシカ
静岡	井川企業組合	15	11	7	33	ニホンジカ
	倉見鹿場	1	4	0	5	ダマシカ
新潟	弥彦神社	7	6	2	15	ニホンジカ
岐阜	今井竹次	2	2	2	6	白シカ、花シカ
愛知	作手村養鹿研究会	2	3	1	6	梅花鹿、ニホンジカ
三重	合歓の郷	16	119	25	160	F1ニホンジカ×エゾジカ
滋賀	県畜産技術センター	1	1	1	3	ニホンジカ
岡山	県総合畜産センター	1	1	1	3	エゾジカ
愛媛	ふれあいの里鹿鳴園	4	3	5	12	エゾジカ
高知	相愛ファーム土佐	18	16	8	42	水鹿
	赤松幹夫	1	4	3	8	水鹿
	相愛ファーム大正	9	19	12	40	水鹿
長崎	八木鹿牧場(有)鹿生産改良	300	350	100	750	ニホンジカ、アカシカ、ダマシカ、梅花鹿
	美津島町	23	12	3	38	ツシマジカ
熊本	ディアーランド九州	80	114	56	250	ニホンジカ、ワピチ、ダマジカ、アカシカ、花鹿、アキシス、サンバー、キョン
大分	(株)久住牧場	75	250	0	325	アカシカ、梅花鹿
	中村宗章	0	0	1	1	ニホンジカ
	(株)清興物産	3	3	2	8	エゾジカ
鹿児島	鹿児島平川動物公園	16	19	14	49	黄ジカ、花シカ、マゲシカ、キュウシュウジカ
	西之表市	5	10	9	24	マゲジカ
	屋久島観光開発（株）	4	3	1	8	ヤクシカ
	鹿屋市小動物園	2	0	0	2	マゲシカ
	阿久根市	40	60	30	130	ニホンジカ（野生）
	くすのき荘鏑木園	3	0	0	3	ニホンジカ（野生）
沖縄	(有)平成牧場	18	66	6	90	梅花鹿、アカシカ
合計		976	1,664	558	3,198	

注1）全日本養鹿協会のアンケート調査より（観光地である奈良県奈良公園や広島県宮島町などは除く）。
2）回答が得られた56カ所について主に農業としてのシカ飼養動向の把握を試みた（一部村おこしとして取り組み始めた牧場も含む）。

る家畜以外に、その動物の特性を利用して特定の地域で飼養、肉皮等に利用しているものを地域特別用途家畜（特用家畜）という」ものであった。シカのほかにダチョウ、いのぶた、アヒル、キジ、うさぎ、みつばち、七面鳥、ホロホロ鳥、ガチョウ、銀ぎつね等が事例として挙げられた。

またその頃、シカは村おこし運動等、村の活性化を図る上で重要な特産物として全国的に注目され、薬用としての鹿茸や健康食品としてのシカ肉などの生産を目的に各地で飼養されたこともあって、平成2年全日本養鹿協会（会長：椿精一、専務：丹治藤治）が設立された。

この協会設立の背景としては、昭和57（1982）年頃から、東北大学農学部玉手英夫教授を中心とした「日本鹿研究協会」によって、同大学川渡農場でシカの飼養実験が始まったことがある。平成元年には同協会によってシカに関するシンポジウムが開催された。宮崎もその2年前に全英養鹿業協会の年次研究会で発表した「ニホンジカ―過去・現在・未来―」と題する講演を、その場でも再び行うように依頼された。その頃は、養鹿に関しては研究者のみならず行政の立場からも注目が集まっていた。実際、日本国内でも養鹿の可能性を検討した論文が少なからず出されていただけでなく、海外の養鹿情報も伝えられるようになっていた。当時の国内外における養鹿の状況については表1のとおりである。

2 養鹿の経営と飼養管理の実態

経営の規模と飼養する品種および目的

平成2（1990）年3月時点で全国のシカの飼養頭数は合計で3198頭。うち成雌が1664頭、成雄が976頭、子鹿が558頭であった。地域的には北海道が8カ所と最も多く、次いで鹿児島県の6カ所、青森県の5カ所、そして岩手県、山形県、福島県、長野県、高知県、大分県の各3カ所がそれに続いていた。

この飼養規模を調べてみると、10頭以下が33・9％、11頭～30頭が26・8％、31頭～100頭が26・8％、100頭以上が12・5％となっていた。その中で最も規模が大きかったのは長崎県下にある牧場の750頭であった。しかし、全国的に見ると100頭を超える経営は1割強であるから、これは例外的な規模とみてよい。

これらの経営で飼養されるシカの品種はさまざまであるが、

ニホンジカを飼養するところが19カ所で998頭と最も多く、次いでアカシカが5カ所408頭、エゾジカが13カ所195頭、水鹿が4カ所188頭となっていた。それ以外にも、美国梅花鹿146頭、ホンシュウジカ135頭、梅花鹿135頭などがそれに続いている。したがって、品種的には実に多様であり、世界各地のシカが日本のシカ牧場に導入されていたことがわかる。しかし、いずれはこの動物園的な状態から整理がすすんで、わが国の風土に最も適したシカが選ばれて、シカ肉あるいは鹿茸という生産目的別に飼養されるものと考えられた。

シカの飼養を行う経営実態を見ると、個人が行うものは2割以下と少なく、それ以外は市町村など公的機関、農協などの法人、あるいは企業等がほとんど同じ割合で、シカの飼養の主体となっていた。したがって、わが国の養鹿が村おこし運動の一環として行われているものが多かったこともわかる。これらのシカの飼養目的は、観光目的というものが27・4%と最も多く、これは村おこしが人を呼ぶことから始まると考えられていたためであろう。これに続いては、試行的飼養や鹿茸生産を目的とするものが、それぞれ18・7%となっていた。わが国のシカ飼養は、生産物でいえば鹿茸に魅力を感じてきたことが注目される。しかし、国産の袋角のうち鹿茸として医薬品となるものはごく限られることから、飼養目的が鹿茸生産とはいっても、実際にはそうした利用は少ないと思われる。次に多い飼養目的はシカ肉生産と種畜生産で、それぞれ14・3%と11・0%であった。シカ肉を生産しようとすれば、どうしても飼育頭数が減少する場合があるため、生産した肉が高く評価される特別な販売ルートをもつ場合を除くと、シカ肉生産は低調とならざるをえなかったのであろう。そこで、子ジカを生産して育成し、自らの規模拡大を図ったり、新しくシカ飼養を始めようとする人たちに種畜として売ったりすることに力を入れる経営もあり、全国的に遠距離間でシカの売買が行われることになった。なお、加工品の生産は5・5%で、薬としての利用が認められていない国産の袋角を入れたシカ角酒なども健康飲料として生産されていた。しかし、薬用効果を鹿茸のように主張することができない点に不満があるようであった。

平成元（1989）年段階で経営実態は以上の通りであるが、シカを飼養した場合の経営収支を尋ねてみると、ほとんどのところが明確にできない状態であった。これは、当時からわが国のシカ産業が、極めて年月の短いものであり、試行的取り組みが主であったことからある程度は仕方がなかったといえよう。

施設の規模と飼料

シカの飼育管理について調べると、運動場付の鹿舎でシカを飼養するものが62・5%と最も多かった。次いで放牧のみが25・0%で、この両者の合計は87・5%となり、完全舎飼いはごく少なく5・4%であった。鹿舎のある場合では、その面積は飼養頭数によっても違っているが、10〜100㎡というところが全体の70%程度で圧倒的に多かった。

一方、運動場については、100〜1万㎡が全体の70%程度であり、シカの飼養において相当広い場所が運動のため準備されていたことがわかる。これは、シカを健康的に飼養するために最も配慮すべき点の一つとなっていたからである。

次に放牧場を利用するところでは、1千〜10万㎡の規模が83・3%を占めており、やはり広い面積のところに、粗放的に飼育することが好ましいとされていることがわかる。

運動場にしても、放牧場にしても、シカは一般の家畜に比べて活発な動物であるため、フェンスとしては、ニュージーランドフェンスといった、網目の四角いものが好ましいとされている。しかし、針金の太いフェンスではいろいろなタイプものが使われているようである。

シカの飼養にあたって用いられる飼料は、粗飼料として夏季は野生の草類や樹葉、牧草類であり、冬期はヘイキューブやビートパルプ、サイレージが多い。そのほか、立地条件に合わせて、安価に入手できるさまざまなものが飼料として利用されており、おからや野菜、とくにニンジン、カボチャ、ジャガイモ、野菜くずが給与されている。一方、濃厚飼料としては家畜用配合飼料や麦類、大豆かす、ふすまなどが給与されている。しかし、シカ用飼料の基準もなく、手探りで飼料設計をする場合がほとんどであり、今後は合理的な飼養管理体系の確立が望まれるところである。

子ジカの哺育・育成と飼育者数

子ジカの哺育については、母ジカにつけたまま自然に放置しているところが50・0%と最も多いが、日齢を決めて離乳させているところでは、70〜90日齢での離乳が多い。しかし、なかには180日齢以上というところもあり、家畜におけるような離乳プログラムは採用されていないところが一般的である。別飼いにしても76・5%が実施していないとのことであり、子ジカの哺育・育成についても適切なマニュアルづくりが望まれる。

シカの飼育にあたる人は、頭数の多少にかかわらず1人というところが圧倒的に多く、80%にも及んだ。このことから、シ

表2　日本におけるシカの歴史と養鹿事業およびシカ産物利用などの推移

年号	西暦	内容
明治5年	1872	ニュージーランドのH・Z.ウィルソン氏が「日本での養鹿の基礎固めを」と提言
明治6年	1873	日本・北海道でシカ皮生産開始
明治11年	1878	日本・北海道でシカ肉缶詰工場開設、生産開始
明治18年	1885	日本・那須青木牧場でアカシカとニホンジカ飼育開始
明治20年	1887	日本・宮内庁日光牧場でアカシカとニホンジカの試験飼育開始
昭和47年	1972	北海道・鹿追町で2月に野生エゾジカ捕獲、10月から飼育開始
昭和55年	1980	岐阜・今井氏がニホンジカとアカシカ数品種のシカを馴化飼育開始
昭和56年	1981	長崎・八木氏が5頭から、鹿児島・楠木氏シカ飼育開始
昭和58年	1983	世界畜産学会議東京会場でシカの飼育を討議
昭和59年	1984	宮城・河北町が補助事業による養鹿開始（第1号）に
昭和60年	1985	長野・長谷村2頭から、宮城・河北町11頭、千葉・船橋オスカ牧場、熊本・原賀氏20頭からシカ飼育開始150頭の大規模経営に
昭和61年	1986	外来種の輸入頭数が増える。岩手・三陸町で野生シカ捕獲・飼育開始
昭和62年	1987	北海道・十勝農協連で17頭より、静岡・大井川町11頭より、宮城・一迫町、山形・最上町、高知・（大正、土佐、香北の3町）シカ飼育開始
昭和63年	1988	日本鹿協会発足。青森・日本農林㈱、岩手・小野田セメント㈱、福島・東和町30頭から、栃木・（森、久木野村）で飼育開始（ヨーネ病発生）
平成元年	1989	埼玉・小鹿野町、群馬・松井田町、岡山・畜産センター、大分・久住牧場（アカシカ）、長崎・美津島町、沖縄・平成牧場で飼育開始
平成2年	1990	全日本養鹿協会設立北海道・（新興<アカシカ.上川町山本）、岩手・（橋本氏、遠藤氏）、宮城・前田氏（アカシカ）、長野・前沢氏、静岡・掛川市倉見、愛知・作手村、熊本・御船町ケーアイ牧場飼育開始
平成3年	1991	農林省が、シカを特用家畜に位置づけて研究会を開催.北海道・佐藤氏、群馬・小堀氏（アカシカ）、富山・沢井氏、高知・葉山鹿飼育開始
平成4年	1992	熊本・水俣農山氏（アカシカ）、大分・清川氏飼育開始
平成5年	1993	宮崎・南郷村エゾジカ導入牧場、熊本・小山氏飼育開始
平成6年	1994	青森・六ヶ所村岡山氏、熊本・芦北村飼育開始
平成7年	1995	石川・門前町エゾジカ導入、飼育開始
平成8年	1996	家畜伝染病法律改正により、シカも対象家畜に指定される
平成10年	1998	北海道えぞ鹿協会設立
平成13年	2001	畜産業界の変動（BSE発生）
平成15年	2003	家畜飼料安全法が改正されてシカが飼料法上で家畜とされる
平成18年	2006	野生シカ被害アンケート調査・産物利用総合的戦略と新ビョンをまとめる
平成19年	2007	野生シカ被害対策とシカ皮利用事業を推進（農林水産省、経済産業省補助事業）
平成20年	2008	日本鹿皮革開発協議会発足、鹿革製品開発事業3カ年計画推進、展示会開催
平成21年	2009	野生ニホンシカ皮の特性調査、なめし革仕上げ、シカ革製品試作
平成22年	2010	日本エコレザー認定品3点。平城京1300年記念祭にシカ革出品(口蹄疫発生)
平成23年	2011	JESマークシカ革製品の生産、普及がはじまる。鹿産物技術研修会開催
平成24年	2012	和・絞染革等特殊革の開発、試作品づくり
平成25年	2013	エコ革認定20種実現、革匠工参加作品を展示・普及する
平成26年	2014	多種エコ製品の開発と製品化すすむ

カの飼育は労働粗放的に行うことができることが明らかである。しかしその反面、飼育されるシカの事故死や原因不明の死亡が多いので、看視や衛生面での改善が切に望まれる。

このようにシカの飼育は、まだ始められたばかりの、いわば幼稚産業である。これを立派に育てていくためには、正しいシカの取り扱い、栄養面や衛生面での万全な環境の整備などが必要である。現在、シカを飼育している人たち、とくに企業的な飼育者の中には、将来シカの飼養規模を拡大したいと希望する人が多く、現状程度を維持するという人も含めると、全体の96・2％にも及んだ。そうした点を考えると、健全なシカの飼養を推進していくにあたっては、多くの情報が入手できるようになることが切に望まれる。

日本におけるシカの歴史とそのトピックスを時系列で示すと表2のとおりである。

3 特用家畜への指定と産業の育成

特用家畜化による養鹿ブームとつまずき

昭和62（1987）年、農水省畜産局家畜生産課の告示によって、シカは特用家畜（地域特別用途家畜）に指定され、産業動物と認められた。平成8（1996）年には家畜伝染病法の改正でシカが対象家畜に指定された。さらに平成15（2003）年に家畜飼料安全法の改正でシカは家畜としての扱いを受けることになった。

当時、わが国では小さな養鹿ブームが起こり、養鹿環境の整備が法的あるいは公的にすすめられることを受けて、養鹿は将来性のある産業の一つと認識されていた。全日本養鹿協会が平成2（1990）年に設立され、翌々年には（社）畜産技術協会から『鹿の飼養管理マニュアル』が出版され、養鹿に対する技術的支援も始まった。養鹿は順風満帆に運んでいくものと思われ、事実10年あまりは牧場数も飼養頭数もともに増加傾向にあった。

ところが「好事魔多し」で、養鹿のピーク時、平成13（2011）年9月にBSE（牛海綿脳症）が発生し、国民に大きな不安を与えることになった。食肉の買い控えなどが起こり、畜産業界を巻き込んで社会不安が広がった。農水省は食肉の安全・安心に向けててんてこ舞いすることになり、食の安全に向けて国費などの大量投入を余儀なくされることになる。その影響で「特用家畜」産業の育成どころではなくなってしまった。

養鹿経営のほとんどは極めて零細なものであったので、育成に多大な支援を受けなければ続けられないものであったので、その支えを突然はずされると総崩れしはじめることになった。BSEによる牛肉離れの中で、シカ肉がわずかでも補填に貢献できればよかったものの、その実力を身につけないまま養鹿経営は急速にその勢いをなくしていった。全日本養鹿協会に対する補助金交付は、発足以降増加し、平成7（1995）年には671万円となっていたが、やがて減額され、平成18（2006）年以降は打ち切られてしまった。会員数も平成12（2000）年度は85名（うち法人会員7社）であったものが、平成25（2013）年度は45名（うち法人会員4社）と低迷している。これはわが国の養鹿産業が全滅に近い状態に陥ったことを意味している。

平成4（1992）年発行の『鹿の飼養管理マニュアル』の中で宮崎が指摘したように、「シカの飼養はまだ始められたばかりの、いわば幼稚産業である。これを立派に育てていくためには正しいシカの取り扱い、栄養面や衛生面での万全な環境の整備などが必要」であるのに、実はそういった面での努力が経営として行われてこなかったことを示している。具体的に言えば、養鹿経営のつまずきは次のような理由から起こるべくして起こったもので、もともと無理があったことは否めない。

ブームに踊った実力不足の養鹿業者

はっきり言うと、養鹿ブームは実力を持たぬ人々のバブルゲームのような側面を持っていた。シカを飼えば儲かる。耕作放棄地に農業再生をもたらす。観光客を呼べる。欧州にはジビエ文化が根付いているが、わが国でも豊かな生活には必ずジビエが盛んになる。このようによいこと尽くしと喧伝されると、シカのことを十分に勉強しないまま養鹿に取り組む例が多くなった。シカの飼養管理技術はそれぞれの経営ごとに手探りの状態であり、実のところ現場は混乱していた。また、それを指導する技術者も不在であった。加えて経営理念も欠如していた。野生のシカの多くは一見すると健康に見えても、何らかの疾病にかかっていることも少なくなく、獣医師に診察してもらうことも考えずに、安易に牧場に持ち込んだ。一方、獣医師にしてもシカを熟知している人は皆無であった。こんな状況では養鹿がうまくいくはずはない。それでも当時は高度経済成長の最中にあったことから、仕事に疲れ果てた企業戦士が一時的に疲労からの回復感を味わえる手頃な手段としてドリンク剤に人気が集まっていた。その成分として鹿茸の効果はとても高いといわれ、高いドリンク剤ほど鹿茸が多く入り、疲労がよくとれると大流行になった。金持ちのご老人には回春に効果的な漢方なら金に糸目をつけずに求める人がいることもあって、「鹿茸1gは金1g」と、「取らぬシカの幼角算用」がひとり歩きするような状態であった。

シカの特用家畜指定がブームを後押し

また、耕作放棄地を囲ってシカを入れると景観はよくなるし、周囲の人々に喜ばれる。鹿茸をはじめグルメ食材としてのシカ肉生産が荒れ地で可能となれば、その高揚感たるやいかばかりのものだったろうか。経済的に豊かになり、一億総中流化がすすみ、旅行がブームになる中で、シカは観光客を地元に呼び込み、地元旅館でジビエが楽しめるとなれば一石二鳥となる。まったくのよいこと尽しに多くの人たちが浮かれてしまっていた。

そうした養鹿ブームを側面から応援したのが、農水省によるシカの特用家畜指定であった。公に弱い日本人の体質が裏目に出てか、農水省もすすめる新たな有力産業のトップランナーを自分たちが務めているのだとの自負心から、時代の寵児になったと錯覚してしまっていた。

一方、早めに養鹿を立ち上げた経営には別のうまみもあった。次々と新しい経営が生まれると、それらから飼育しやすいシカの品種を購入したいとの要望がやってきた。数少ないシカを求めて取り合いが始まれば、当然単価はつり上がることになる。「シカは儲かる」が実感できたに違いなかった。こうして欲に目がくらんで経営を拡大するために投資を繰り返すこととなり、それが負債になろうとは考えつきもしなかっただろう。

専門家の不在や流通システムの不備

養鹿の専門家がいなかったことも破綻を呼ぶ大きな原因であった。もともと欧州のように野生鳥獣を食べる習慣が猟師を囲んだ限られた生活圏以外になかった日本では、畜産学や獣医学の研究者たちがシカを研究するケースは極めて少なかった。その反面、哺乳動物学会のメンバーの中にはシカに関心を寄せる人はいたが、シカの資源化について興味を示すことは少なかった。そのような中で、宮崎は春日大社からの依頼で、昭和50（1975）年からの4年間、シカの栄養学的研究に携わったが、その後はシカの研究からは離れていた。

　一方で東北大学農学部教授の玉手英夫らは、大学の川渡農場に広がる里山の再利用に向けてニホンジカを飼養する提言を、昭和59（1984）年の日本畜産学会東北支部会報に報告した。しかし、それを受けた研究の動きは同学会内ではごくわずかであった。しかし玉手らは昭和63（1988）年に鹿研究会を発足させ、やがてそれを核として、平成2年には農水省の応援も受けて、全日本養鹿協会が発足する運びとなった。

　養鹿ブームの中、国内でシカを集めるところが多かったものの、海外からも1088頭のシカが輸入され、全国の牧場に散らばっていった。品種も多様で、珍しいシカに夢を重ね高値取引で大儲けができることを期待する向きも強かった。このような地に足のつかない養鹿であったので、種畜の育成に向けて品種改良する動きが出ることはなかった。

　シカ産物の利用についても、いざ流通させようとすればうまくいかなかった。シカ肉は当初は地元旅館などで利用されていたが、そのような需要はごくわずかで、流通拡大を図ろうとすると、食品としての衛生問題が目の前に厚い壁となって立ちはだかった。皮革に関しては、近年、輸入皮革による安定した国内生産・加工体制が確立してしまっていたので、国内で養鹿されたシカの皮革は必ずしもこの流通システムになじまなかった。鹿茸についても法的規制が厳しく、輸入品の高値取引を横目にしながらも、思うような値段で売ることができなかった。鹿角も主として趣味の世界が相手とあっては、あまり期待するわけにはいかなかった。まさに養鹿産業は八方塞がりのまま、産業として確立させなければならない運命にあったのである。

養鹿経営健全化への道

　そのような中でシカ飼養の経営は二極化しはじめ、少頭数飼養の経営は減少の一途をたどっているが、一方で多頭数飼養の経営の中には長期計画を立てて、本格的なシカ牧場を目指すところがわずかながら増えてきている。経営不振に陥ったところでは導入するシカに過大な期待をしすぎて、金に糸目をつけずに種ジカとして導入しようとして失敗したケースが多い。また、シカの飼養技術が未熟であったことも反省されるところである。

　したがって、今後健全な経営を行っていくためには、まず多角経営を目指してシカ全体の商品化を図っていくこと、また同業者との規律ある連携・協力関係を構築していくこと、さらには共同で商品開発を行って市場開拓に努めていくことが求められる。養鹿経営はそんなに甘いものではなく、十分な経営能力と高い技術レベルを身に付ける努力をしないと、成功はおぼつかないのである。逆に言えば、その実力を身につけた人たちにとっては十分魅力に富んだ仕事となることが見込まれる。

4 海外の養鹿事情

ヨーロッパにおける鹿肉重視の養鹿経営

世界的にみても、シカの飼育はシカ肉（ベニソン）と鹿茸（ベルベット）の生産を目的として、多くの国々で古くから行われてきた。シカ肉生産に重点を置いてきたのはヨーロッパをはじめとする西欧諸国であり、鹿茸生産に重点を置いてきたのは中国を中心とする東洋の諸国であった。

主なシカ牧場を調べた玉手らの報告によれば、まずソ連（当時）のシベリアで、トナカイ約23万頭が極めて粗放的な形態で飼養され、その肉が利用されていたという。イギリスでは、アカシカの雌２４００頭がシカ牧場に繁殖目的で飼育されていた。飼育場の数は60ほど、１牧場あたりの飼養頭数は平均40頭ほどであるが、大きいところでは１００頭にも及んでいた。これらはいずれもシカ肉生産を目的とした繁殖経営である。彼らは全英養鹿業協会をつくり、相互に生産技術情報を交換し合っている。この国では、動物愛護の観点から鹿茸をとることが禁止されている。それは枝角形成過程の生きた組織を切るときに多量の出血が見られるためである。もし止血を適切に行わなければ雄ジカが死亡することがあり、それが嫌われるためである。

西ドイツは毎年１１００トンのシカ肉を輸入してきた世界最大のシカ肉消費国であるが、国内のシカ牧場はごくわずかであった。ノルウェーではラップ人の手で、１９７８年には約15万頭のトナカイが放牧され、フィンランドでは26万頭のトナカイが飼育されていた。スウェーデンではダマシカが約２万頭、トナカイが約29万頭飼育されていた。

カナダではエルクが約６０００頭、アメリカでは各地に散発的にシカを飼育する人々をみかける程度で、あまり活発ではない。オーストラリアではダマシカが約２０００頭飼育され、ニュージーランドではアカシカ飼育がブームとなっていた。とくにニュージーランドでは１９８４年上半期には約30万頭のアカシカが飼育されていて、その後も頭数が増えている。このシカ肉は西ドイツを中心として、アメリカやタイ、日本などに輸出されている。

イギリスの養鹿場

ニュージーランド（オークランド州）の養鹿場

中国（吉林省）の養鹿場

チェルノブイリ原発事故後の養鹿の動き

こうした情況の中で、1986年4月、ソ連のチェルノブイリ原子力発電所の爆発事故が起こり、その死の灰が北欧、とくにフィンランドのトナカイ生息地や東欧の、とくにポーランドのシカ生息地に降下し、放射性物質によってシカ肉が汚染される事態が生じた。そのため、従来西ドイツの市場に大量に出回っていた、これらの地域の野生動物の食肉の供給不足が起こった。それを補充する形で、まずニュージーランドがシカ肉の増産を始めた。それを見て、もともと西ドイツと深い関係にあったイギリスで養鹿産業が急に盛んになったのである。このようなニュースが日本にも伝えられ、シカの飼育に関心が持たれるようになったといえる。

一方、鹿茸生産に重点を置いたシカ飼育を行う中国では、1981年時点でアカシカやニホンジカを約27万頭飼育していた。その頭数はその後も増加している。台湾や韓国でも鹿茸をとるための飼育を行っており、さらにニュージーランドも東洋の国に需要の大きい鹿茸の生産に力を入れつつある。

第2章

シカと人との関係史から

1 筆者とシカの関わり

長い歴史を生きてきた「奈良公園のシカ」

昭和32（1957）年に国の天然記念物に指定された「奈良のシカ」は春日大社の神鹿として、1200年以上もの長い歴史を生きぬいて今日に至っている。しかし、シカを取り巻く環境はいつの時代にも安泰というわけではなかった。古くは社寺境内ということで聖域とみなされて殺傷禁断の安住の地であったため、戦前900頭前後で落ち着いていた生息頭数も、戦中・戦後の社会混乱期には激減し、昭和20（1945）年には推定頭数がわずか79頭になってしまった。そのような状況の中で奈良の鹿愛護会はシカの保護育成に努力した。頭数は昭和28（1953）年には254頭に回復し、さらに食糧事情が好転し経済成長がいちじるしい時代を経ると昭和39（1964）年には1058頭に達した。しかし、その後10年間ほどは頭数が逆にいくぶん減少した。

奈良公園の飼育シカ

筆者とシカの出会い

そのため春日大社・花山院親忠宮司の努力で昭和49（１９７４）年から春日の社を守るための総合的な科学的研究が実施されることになった。そのときから奈良シカの研究が始まった。初年度は動物形態学、動物生態学、動物生理学、動物社会学、獣医学を専攻する研究者が調査委員会のメンバーとなったが、反すうするシカの栄養学的研究はやはり専門家にまかせようと、畜産学を専攻する宮崎が昭和50（１９７５）年から加わり、４年間、奈良シカに供給される養分の総量とシカの飼料消化率とを調べ、奈良公園のシカの生活適正頭数を算定することになった。その研究結果は４年間の各年度末に「天然記念物『奈良のシカ』調査報告」としてまとめられた。そこには英文要約が付けられていて、これが海外でも読まれたため、昭和62（１９８７）年に全英養鹿業協会の年次研究会に招かれ、「ニホンジカ―過去・現在・未来―」と題して特別講演をすることになった。これらが肉用牛研究者である宮崎の初期のシカとの関わりであった。

一方、丹治は昭和50年に日中獣医畜産・養鹿学術交流事業を開始し、平成５（１９９３）年まで18年間にわたり養鹿先進国中国との学術交流に努めた。中国では紀元前２１００〜１６００年の夏王朝の時代にすでに観賞鹿苑でシカを養うことが始まっていた。時を下って１７７３年からは、シカを経済的利用と生体生産を目的に飼育管理事業を開始したといわれている。このように筆者ら（宮崎、丹治）は、奇しくも同じ年に別々にシカと関わったのであった。その間、平成２（１９９０）年に設立された全日本養鹿協会（以下、協会）の専務理事に丹治が就任した。協会ではシカの生理学的特性調査に始まり、シカ飼養管理技術と疾病対策およびシカ資源の利用開発に取り組んで養鹿の基礎固めを行うことになった。

シカに関する調査・研究の進展

そのため協会は、（社）畜産技術協会とともに平成２〜３（１９９１）年度、養鹿の全国的な実態調査を実施した。それを契機に宮崎がそれに加わった。同年、シカが農水省によって特用家畜に指定されたので、協会は補助事業の対象として毎年さまざまな事業に補助金の交付を受けるようになった。平成３年度には、その補助により『シカの飼養管理マニュアル』を発行した。

また同年、丹治は『養鹿事業の手引書　飼養管理技術編』を出版した。これら２冊の出版物は養鹿を手探りで行っていた国内の関係者にとって、科学的な指導書になりうるものであった。とくに後者は２４０年あまりの歴史と数多くの経験や技術をもつ中国の養鹿について、中国の専門家らとの数回にわたる技術交流の場から得た新情報と重要な文献などが収載されるとともに、日本各地の養鹿場の追加紹介や国内の新情報などが収められており、当時としては画期的なものと評価された。平成９（１９９７）年になると、協会は中国四川省養麝研究所と養鹿事業を促進させるための技術協力協議書を作成し、さらなる発展に努めた。

協会はその後（平成21〔２００９〕年）、名前を変えて全日本鹿協会となり、広くシカに関する調査、研究などを行ってきた。なかでも「人と鹿の共存と交流全国大会」は、平成５年から平成26（２０１４）年までに7回開催されている。宮崎と丹治が初めてシカと関わりを持った折は、生息環境の悪化で年々頭数が減少する野生動物としての保護が重要と考えられていた。しかしその後40年が経って、現在、シカの大繁殖で農林業被害が顕著に問題視される時代がやってきた。テレビや新聞にシカ被害の深刻さが報じられる頻度が特にローカルニュースで高くなって、今や国民的関心を集めている。

2 シカの精神文化史

1 神鹿・神使としてのシカ

呪術・宗教的な利用はなかった縄文のシカ

旧石器時代から縄文時代にかけては狩猟・採集生活が行われていた。シカは食用に重要であったが、毛皮は衣料用に、角と骨は石器づくりのハンマーとして、あるいは骨角器と呼ばれる釣針、ヤス、モリなどの漁労具として活用されていた。しかし、この時代には粘土で造形した土器や土偶の動物像にシカはなかった。イノシシやクマの動物像は出土しており、精霊的なエネルギーを信仰の対象としていた。当時シカとイノシシは最も重要な狩猟動物であったにもかかわらず、イノシシだけが精神世界や観念上で一定の役割を果たしていた。シカは単なる食糧か道具の材料として極めて実用的な役割を果たしていたにすぎず、その扱いは際立って対照的であった。それについては日本列島に、シカをトーテムにする人々が渡来していなかったためと推察される。トーテムとは自分たちの始祖神話などに登場し、一族にとって象徴的な動植物などを指し、一族の苗字に使われることもあった。北海道ではアイヌの人たちはエゾジカをイヨマンテなどの儀礼に用いなかったという。またシカの神（カムイ）も存在しなかった。そのため、アイヌではシカは単なる食糧の対象とされるにすぎなかった。

シカをトーテムとする民族が渡来

ところが弥生時代になると、土器や銅鐸のモチーフにシカの絵がにわかに登場する。これは日本人が農耕民族化していく過程で、シカが霊獣になっていったことを意味する。稲作をわが国に伝えた中国、朝鮮文化が影響したものと考えられる。恐らくシカをトーテムとする部族が渡来したのであろう。シカの角は秋に落ちても春には生え代わっていくが、その様子から、稲の発芽から収穫までの年間サイクルが連想され、五穀豊穣を祈る気持ちの現れとなったものであろう。また、イノシシとシカはともに農作物や田畑を荒らすけれども、イノシシは群れでぬた打ちをして稲をなぎ倒すのに対し、シカは稲籾を食べるだけなので、シカの罪を一等減じたのかもしれない。

神の使いである神鹿としてとくに有名なのは奈良の春日大社や興福寺のシカである。春日大社の縁起によれば、神鹿の由来は主祭神・武甕槌命（たけみかづちのみこと）が神護景雲元年（767年）、もともとの本拠地である茨城の鹿島から春日大社のある三笠山まで遷座した際に、白ジカが背に分霊を乗せて、多くのシカを引き連れて奈良まで行ったとされ、その子孫がこの地で繁殖したという。しかし事実は、三笠山を含むいわゆる奈良公園には、古くから野生のシカがたくさん生息しており、それらがいつの間にか神鹿扱いを受けることになったのである。ちなみに、日本有数の強大な氏族であった藤原氏が春日大社を創建したといわれ、同社は武甕槌命を祀っている。また鹿島では、物部氏が奉祀した氏神「香島天之大社」の社は鹿島神宮と呼ばれ、神鹿と呼ばれるシカが飼われていたため、物部氏はシカをトーテムとした渡来系一族であったと思われる。こうして今日に至るまで、わが国ではシカを食糧とする一方で、シカは神事の神としての敬いも受けることになった。

シカの聖獣化が家畜化を阻んだ!?

古墳時代、シカは形象埴輪のモチーフになっている。しかし、霊獣視される一方で、シカは相変わらず狩猟の対象として重要であった。『狩猟古秘伝』（日本常民研究所、昭和36〔1961〕年）を見ても、「狩り」といえば「鹿狩りのことである。そして他の動物に対しては猪狩り、熊狩り、兎狩りと獲物の名をつけて呼ぶ」とある。このようにシカはわが国で古来最も狩猟しやすい中型の野生動物とされてきたのであった。

「シカを狩る」ことは、春日大社や鹿島神宮のような古い神社に今日まで神鹿が飼われてきたことと大きな関わりがあると指摘されている。この両社は各地に末社を持っており、本社の慣習に倣ったところもあって、日本人のシカに対する見方に影響を与えたものと考えられる。なお、藤原氏の始祖・中臣鎌足は鹿島神社の神宮を務めた家系の出身者で、鹿卜（かぼく）をもって大和朝廷に仕えた。古代社会では卜骨（ぼっこつ）といって動物の骨を用いた太占（ふとまに）と称される占法で吉凶を占ったが、シカの肩胛骨を焼いて亀裂の形や大きさで神意を占うことが一般的であった。藤原氏の勢力が隆盛となっていったことで、こうした神事からシカは聖獣との意識が平安時代の人々に浸透し、それが今までシカを家畜とすることを阻害してきたともいわれている。

広島には厳島神社のシカが観光客を喜ばせているが、この系列に属する各地の末社に神鹿信仰が伝わっている。この神社は承久の乱以降、藤原氏が神主家を務めていて、それもシカ信仰を強めることになったようである。ちなみに、厳島神社の神鹿は600年ほど前に宮島が島になった以前から、このあたりに棲み着いていた野生のシカといわれる。しかし、藤原氏がトーテムとしてあがめた春日大社のシカとは異なり、厳島神社では主祭神が宗像三女神であり、教義に関わる信仰上の関係はないそうである。ただ、江戸時代後期、厳島（宮島）は有名観光地となり、いつの間にか神鹿と言われはじめたらしい。当時、宮島では住民が残飯を鹿桶に入れて与えるなど、シカを大切にする美風があったようである。

『日本書紀』にはシカは神の意志を伝える動物と記載されており、平安時代には春日詣での際にシカと遭遇すると、随喜の拝礼として土下座して拝するという神鹿信仰が生まれていた。こうして奈良では古くから保護され敬愛を受けてきたシカが、今でも観光の目玉として大切にされている。

2 呪術的宗教とシカ毛皮

山岳修行に使ったシカの毛皮

仏道修行のために山野に起臥する僧がいて、彼らは修験者と呼ばれる。山岳で修行することによって超自然的な力を体得し、その力を用いて呪術的な宗教活動を行うことを旨とする修験道の指導者とされる。山に伏して修行することから、山伏と呼ばれた。

わが国では古来山岳は霊地としてあがめられてきたが、奈良時代（710年〜794年）以降、仏教や道教の影響により、山岳での修行によって験力を得て呪術を行う者が現れてきた。白い装束を身にまとい、険しい山道を歩き、滝行をはじめさまざまな厳しい行を通じて身を清め、山を出ると同時に「生まれ変わる」という考え方に基づいたものである。山伏・修験道の開祖は奈良時代に役行者（えんのぎょうじゃ）という尊称で知られた役小角（えんのおづの）という呪術者である。

平安時代（794年〜1185年）になると、最澄や空海の山岳仏教の提唱もあって僧たちは山で修行するようになった。平安末期ごろ、これら山岳修行者は熊野や吉野を拠点として次第に勢力を持ち、修験道という宗教をつくり上げた。鎌倉・室町時代（1192〜1573年）には吉野、熊野、白山、羽黒、彦山などの諸山に依拠して、法衣や教義、儀礼を整えていった。「いずこからか来り、いずこかへ去る」回国行脚の山伏は、客僧という呼称で前近代の庶民の間ではなじみがあった。その姿は歌舞伎の勧進帳などで広く知られる装束である。その山伏修験者の修験十二道具の一つに引敷（ひっしき）がある。これは入峰修行の際の座具として腰に当てる敷き皮のことを指す。

この皮はどんな動物の毛皮であっても、すべて獅子の毛皮であると観念される。なぜかというと、畜類はすべて無明にたとえられ、その畜類の王である獅子の上に座すことによって、行者は仏として凡聖不二（煩悩即菩提）の極地にあるということを表している。修験でいう獅子とは実はシカのことで、シカは縁覚（小乗の聖者）の乗り物とされる。行者はシカの毛皮に座ることによって法性に入ることを表し、実用的には岩角等に座る時の用具とされたのである。

シカの毛皮は呪術的・宗教的意味が深い

このようにシカの毛皮は呪術的・宗教的意味が深かったため、シカの毛皮の衣を着た聖たちは平安時代から皮聖・革聖と呼ばれた。とくに空也系の念仏聖たちはシカ角を付した長い杖を手にして民間を布教して歩いたが、この杖はシカ杖と呼ばれる。宮本常一によれば、これは念仏聖が狩猟に関係を持っていたためではないかという。

『今昔物語』に出てくる餌取法師たちは殺生をしているが、みな持仏堂で念仏をあげている。そのことによって往生できるのであった。餌取のように殺生する者でも念仏をあげれば極楽に往生できるということのしるしとしてシカ杖を持ち歩いたというのである。杖の土につくところが二叉になっているのはシカ押えといい、この杖は狩杖といわれた。二叉になっているのは、杖としては不便であるが、立ち向かってくる野獣を防ぐには便利であり、防禦用として一般的に用いられていた。

現在、京都にある天台宗行願寺は山号を霊鹿山、通称は革堂（こうどう）と呼ばれる。西国三十三所第十九番札所である。この寺を寛弘元（1004）年に創建した行円は、仏門に入る前は狩猟を業としていたが、ある時山で身ごもった雌ジカを射ったところ、その腹から子ジカが誕生するのを見て、殺生の非を悟って仏門に入ったといわれている。行円はそのシカの皮を常に身につけていたことから皮聖、皮聖人などと呼ばれてきた。親鸞83歳のときの省像画「安城の御影」を見ると、狸の皮を敷き、猫の皮でできた草履、同じく猫の皮で巻かれたシカ杖を身辺に置いている。これは行円や阿弥陀聖といわれた空也と何ら変わらない姿である。彼らはいずれも殺生禁忌の仏教的風土に逆らうように獣の皮や骨、角を日常生活に用いており、半僧半俗の聖として民衆への布教にあたっていたようである。

3 シカにあやかった鹿踊り

みちのくに300年引き継がれる鹿踊り

鹿踊りは獅子舞の一種で、岩手県を中心に青森県、宮城県などに分布する。シカの頭部を模した鹿頭をかぶり、そこから垂らした布によって上半身を隠し、一人立ちか、多頭式（八人立てが多い）で踊る民俗芸能である。踊り手がシカの動きを表現するように上体を大きく前後に揺らし、激しく飛びはねて踊る。踊り手が演奏を行うかどうかで、二つの系統に分かれる。踊り手が演奏しない幕踊り系では、板製のシカの角と30㎝ほどの腰ざしを付け、鹿頭から垂らした布幕を両手に持って踊る。踊り手とは別に祭り囃子の演奏者がいる。

一方、踊り手が演奏を行う太鼓踊り系では、頭に本物のシカ

鹿踊り（岩手県北上市）

角を付け、背には3・6mほどもある腰ざし、やなぎ、ささらなどと呼ばれる紙片で飾られた割竹の幣を頭上高く抜き差し、腰に付けた大きな締太鼓を打ち鳴らし、踊り歌を歌いながら、仲立（中心になる雌ジカ1頭）、側ジカ（雄ジカ6頭）で円陣または隊列を組んで重厚に踊る。幕踊り系は主に旧南部領、すなわち岩手県北部から中部に分布し、太鼓踊り系は主に旧伊達領、すなわち岩手県南部から宮城県に分布するが、離れた愛媛県宇和島周辺には仙台藩との縁で八鹿踊りが伝承されている。これらの踊りは盆や彼岸の秋祭り、雨乞いなどに奉納される。鹿踊りはシカのエネルギーを人間も共有しようとして始まったものといわれ、300年ほど前から今日までみちのくの地に受けつがれてきた。ちなみに、東北地方の「鹿踊り」は秋の季語になっている。

鹿踊りは命を失ったものの弔い供養のため

シカの扮装をする芸能は『万葉集』や『古事記』にも出ている。踊りの起源については諸説があるが、シカを土地の守護神として霊獣視した修験や念仏の俗聖が唱導した可能性もある。鹿踊りの由来は、浄土宗の普及を志した空也上人が衆生済度のため深山の小庵にこもって勤行三昧の日々を送っていた際に、小庵のまわりに来て遊ぶシカの群れがあり、そのシカたちが猟師に撃ち殺されたシカの弔い供養のために踊りはじめたという説のほか、いろいろな起源伝説があり、それぞれに伝承由来の伝書巻物が伝えられている。それを概説的に見ると、必ず命を失ったものの怨霊を鎮魂し、祖霊精霊を供養するものであると思われる。

　宮沢賢治の「鹿踊りのはじまり」という童話は「鹿踊りのほんとうの精神」がテーマとなって、「入植者の嘉十がシカの歌を聞き、改めて風景を見て思わず拝んでいること」が書かれている。あらすじにふれておこう。

百姓の嘉十が湯治のために西の山にある温泉に出かけた。その途中、嘉十は持ってきた栃と粟の団子を食べはじめたが、シカに食べさせようと少し残して出発した。少し行ったところで、嘉十は手ぬぐいを忘れたことに気付いて引き返したところ、6頭のシカの一団と遭遇することになった。シカたちは見たことのない手ぬぐいに興味をもち、まわりをめぐって踊りはじめる。すると嘉十はシカの言葉がわかるようになり、シカたちが手ぬぐいの正体について議論しているのが聞こえてくる。シカたちは手ぬぐいを生きものだろうとみなし、最初は警戒していたが、次第に大胆になり、最後は干あがったなめくじであろうと結論づけた。そして嘉十の残した栃団子を分け合う。嘉十は一部始終をすすきの陰に隠れて見ていたが、一頭ずつ歌を披露してシカたちが輪になって巡りながら踊るのを見て、すっかり心を奪われてしまい、とうとう自分もシカになったような気がして飛び出してしまった。シカたちは驚いていっせいに西に向かって逃げ去り、夕焼けの野原には嘉十だけが取り残された。嘉十はシカたちに穴を開けられた手ぬぐいを拾って西へ向かって歩きはじめる。

そこで物語は終わる。

賢治自身が起草したと思われる童話集の広告チラシには、「まだ剖(わか)れない巨きな愛の感情です。すすきの花の向い火やきらめく赤褐の樹立のなかに、シカが無心に遊んでいます。ひとは自分とシカとの区別を忘れ、いっしょに踊ろうとさえします」と記されている。

4 文学・芸術とシカ

『万葉集』などに詠まれたシカの歌

シカは文学の世界にも古くから取り入れられ、吟詠の題材や季語としても多く取り上げられてきた。奈良時代の終わりころにまとめられた『万葉集』には、68首のシカの歌がある。鳴く声を読んだものが多いが、鹿、小牡鹿(さおじか)、猪鹿(しし)などという形で詠まれ、とくに萩を同時に読み込んだ歌が多い。そのいくつかを紹介してみよう。

「このころの　秋の朝明(あさけ)に　霧隠り　妻呼ぶ鹿の　声のさやけき」（作者不明）

「夕されば　小倉の山に鳴く鹿は　今夜(こよい)は鳴かず　寝ねにけら

しも」（舒明天皇）
「我が岡に　さ牡鹿来鳴く　初萩の　花妻とひに　来鳴くさ牡鹿」（大伴旅人）
「秋萩の　散りのまがひに　呼び立てて　鳴くなる鹿の　声の遥けさ」（湯原王）
「をみなへし　秋萩しのぎ　さを鹿の　露別け鳴かむ　高円（たかまど）の野ぞ」（大伴家持）

『万葉集』で最も多く詠まれた植物は萩であった。平安以降の王朝和歌では桜に王座を譲り渡したものの、萩の歌は途絶えることがなかった。

『古今和歌集』には、
「秋萩の　花さきにけり　高砂の　をのへの鹿は　今やなくらむ」（藤原敏行）
「山里は　秋こそことに　わびしけれ　鹿の鳴く音に　目をさましつつ」（壬生忠岑）

『新古今和歌集』には、
「明けぬとて　野辺より山に　入る鹿の　あと吹きおくる　萩の下風」（左衛門督通光）

『後撰集』には、
「往き還り　折りてかざさむ　朝な朝な　鹿立ちならす　のべの秋萩」（紀貫之）

『後拾遺集』には、
「かひもなき　心地こそすれ　さを鹿の　たつ声もせぬ　萩の錦は」（白河天皇）

『新後撰集』には、
「秋の野の　萩のしげみに　ふす鹿の　ふかくも人に　しのぶころかな」（藤原俊成）

『金槐和歌集』には、
「萩が花　うつろひ行けば　高砂の　尾上の鹿の　なかぬ日ぞなき」（源実朝）

鎌倉前期の歌人・藤原定家が撰した『小倉百人一首』には動物をテーマにした句は少ないが、シカについては二首出てくる。ほかに獣を扱った句はないので、いかにこの動物が人々に親しまれていたかが想像できよう。

「奥山に紅葉ふみわけ　鳴く鹿の　声聞くときぞ　秋は悲しき」（猿丸大夫）
「世の中よ　道こそなかれ　思ひいる　山の奥にも　鹿ぞ鳴くなる」（藤原俊成）

俳句でもシカは秋の季語としてさまざまに詠まれている。
「ぴいと啼く　尻声悲し　夜の鹿」（松尾芭蕉）
「足枕　手枕鹿の　むつまじや」（小林一茶）
「笛の音に　波もより来る　須磨の鹿」（与謝蕪村）

「親鹿の　岩とびこえて　鳴きにけり」（正岡子規）
　しかし、「角落す」は春の季語である。
「角おちて　はずかしげなり　山の鹿」（小林一茶）
「角落ちて　首傾けて　奈良の鹿」（夏目漱石）

シカを題材にした音楽

　音楽としてもシカを題材にしたものがある。童謡「子鹿のバンビ」はとくに愛唱されているが、古典には次のようなものがある。琴古流尺八の古典本曲として有名な「鹿の遠音」は、江戸時代から伝わる深山に遠く響きわたるシカの鳴き声をモチーフとし、尺八で連管されるときには、牡ジカと牝ジカに分かれて急に鳴き交わす様子が表現されている。幕末につくられた吉沢検校の「秋の曲」という箏曲は、シカの鳴き声を描写した奏法で奏でられる。

シカを題材にした絵画や彫刻

　シカを画題とした絵画なども多い。中学校時代、宮崎は美術団体鑑賞で京都市立美術館に行ったとき、フランスのギュスターブ・クールベ「追われる鹿」を見て強い印象を受け、その絵はがきを買い求めた記憶がある。その狩師に追われるシカのイメージにかわいそうだと思った。遠足で奈良公園のシカを見ていたから、とくにそう感じたのだろう。その後は狩猟テーマの絵画をほとんど見ることはなかったが、フランスの美術館を訪れた際は結構多く見かけた。そして、クールベには、ほかに「野生の鹿」、「雪の中を駆ける鹿」、「死んだ鹿」など、狩猟という視点での一連の作品があることも知った。狩猟に関する絵が西洋に多い理由については、稲作の国と牧畜の国とで人間と動物の接し方に違いがあることによるということを後で知ることになる。

　わが国のシカの彫刻、絵画ではシカの美しい姿形、神々しいばかりの姿が多く見られる。思いつくままにシカの作品を並べてみよう。まず、鎌倉時代の木造彩色による堪慶作の「神鹿」（国重要文化財指定）は、文暦２（１２３５）年、東経堂（現石水院）に春日・住吉両明神の御形像が安置された際に、春日社の神の使いとされるシカが狛犬に代えて置かれたものである。狛犬と同じく阿吽形の雌雄一対となっている。これらは膝を折る恰好をしていて、春日社を参詣した明恵に対して蹲いたシカの逸話を想起させる。

　次に江戸時代（１６０３年～１８６８年）初期の本阿弥光悦と俵屋宗達による「鹿下絵和歌巻」がある。シアトル美術館が所蔵しており、宗達が金銀泥で描いたさまざまなシカの絵に光悦が名作和歌を記した絵巻物である。江戸時代後期には森狙仙（もりそせん）作の「双鹿図屏風」がある。柏槇（びゃくしん）の下にいる雌雄のシカの絵である。狙仙を開祖とする森派は猿の絵でとくに有名であるが、このようなシカも残している。渡辺華山の「鹿の絵」はベルリン国立アジア美術館が所蔵する。

明治時代（1868年～1912年）になると、竹内栖鳳（せいほう）作の「和暖」にシカが描かれている。また菱田春草（ひしだしゅんそう）は「鹿」を残した。中原芳煙（ほうえん）は花鳥山水や動物を描いたが、とくにシカの絵に優れた。それは若い頃に正倉院御物の整理に従事した際に、奈良のシカをよく観察したからといわれる。「月下狐鹿」、「月下三鹿」、「群鹿」などが有名である。その後、川合玉堂は「冬嶺狐鹿」をはじめ、雄ジカが静かに休む絵も残している。昭和になって、前衛美術運動の先駆者として知られる普門暁（ふもんぎょう）は未来派的な絵といわれる「鹿・光」を残している。

3　シカの物質文化史

1　丸ごと利用されたシカ

縄文時代：捕獲動物が大型獣から中小型獣に

縄文時代（前14000年頃～前3世紀頃）から弥生時代（前3世紀頃～後3世紀中頃）にかけては自然物採取が主な時代であった。獲れる動物は何でも捕えて食べる食生活であった。

縄文時代に入ると日本列島は温暖な気候になったので、ナウマンゾウやオオツノジカ、バイソンなど、それまで狩猟していた大型動物が絶滅した。それらに代わってシカやイノシシが広葉樹主体の植生の下、ドングリ類が盛んに落下する環境で大増殖した。貝塚の調査では、当時60種に及ぶ哺乳動物の骨が出土しており、全出土骨の90％がシカとイノシシのものであった。それらの動物は食用されたものと考えられる。

一方、鳥類は骨が化石として残ることは少なかったが、約10種類ほど食べていた。哺乳動物の骨の中には道具として加工されたものも見つかっている。中でもシカは、平坦地や湿地、水呑み場などに多く出没し、弓矢で倒しやすかったので最も身近な動物性食糧となっていた。それに対してイノシシの場合は、木を削って体に松脂をつけて武装し、さらにぬたうち（ダニなどの寄生虫から体を守るために泥を塗る行為）をして体毛が固まるので、鎧をつけたように頑強になる。弓矢や江戸時代の鉄砲玉程度なら、まともに当たらなければ跳ね返すほどである。猟では犬を利用したり、村総出で取り組んだりしないとうまくいかないため、簡単には捕えられない。そのため容易に捕れる動物なら何でも食べていた。

食生活においては、肉に少々臭みのあるムササビも食べていた。それは「飢えては食を選ばず」で食べたのかと思いきや、頻繁に常食する様子が『万葉集』に詠まれている。志貴皇子は「むささびは　木末（こぬれ）求むとあしひきの　山の猟男（さつお）に　あいにけるかも」と詠んだ。ムササビは飛べるので非常に得意がって梢を飛び回っているが、そのようなことをする間に山の猟師に捕まって食われるに違いないと心配した歌である。猟男とは山の幸を獲る男で、幸男とも書く。

弥生時代：鳥獣を食する機会が減る

縄文も終わりに近づくと、野生鳥獣は数、種類ともに減少傾向になった。それは狩猟技術の向上や人口増加によるものであった。そのため野生鳥獣を捕えて食用する機会はいくぶん減り、それらの狩猟は薬狩りといわれることになる。それでも弥生時代前期の奈良唐古遺跡ではシカ、イノシシ、タヌキ、オオカミ、サルの骨が見つかっており、中期の静岡登呂遺跡ではシカ、イノシシ、タヌキの骨が出土している。

弥生時代には稲作が始まり、米つくりが盛んになる。しかし、栽培には手間暇がかかるため、人々の口に入るものはヒエやアワなど雑穀類だけで、米は時の権力者に召し上げられていた。すなわち、この時代以降、貴族階級と農民など一般庶民との区別が次第にはっきりしてくる。

古墳・飛鳥時代：シカなどの上物はお上に献上

貴族の食生活では古墳時代（3世紀中頃～7世紀頃）から飛鳥時代（592年～710年）にわたり、大陸からいろいろな文化を持った人々が渡来してきたため、移動式の土器のかまどを使って米を蒸して食べることになった。その一方で、人々は糧飯（かてめし）というヒエやアワを山菜や菜っ葉などの野菜といっしょに炊いたお粥を食べ続けた。極端にいえば、このような食事情は昭和初期まで続き、農民はどの時代にも搾取され続けた。

シカ、イノシシ、キジ、ヤマドリなど上物は庶民の口に入らず、お上に召し上げられた。7世紀中頃の難波京遺跡から見つかった最古級の木簡には、「斯々一古（ししいっこ）」と書かれており、税として貢物の肉魂につけられた荷札と考えられる（平成26〔2014〕年8月1日京都新聞）。また7世紀末から8世紀初めの藤原京時代の木簡には「信濃の国伊那の鹿はとても旨い」とあり、天皇の食事や宮廷の祭事にシカが献上されるならわしがあったことがわかる。貴族たちも唐風を取り込んで、箸を使うようになり、また食器としてガラスや漆、青銅なども使いながら、雅やかな生活を目指し、遣隋使や遣唐使は盛んに中国の進んだ文化と物を運び続けた。

奈良時代：食の格差によりシカの丸ごと利用がすすむ

一方、奈良時代に入ると一層、税の取り立てが厳しくなった。「苛斂誅求（かれんちゅうきゅう）」という言葉があって、むごいほど税金を取り立てる大変な悪政のことを指したが、文字通りの取り立てで、山上憶良が「貧窮問答歌」でその姿を取り上げている。庶民は手食で、その様子は3世紀、『魏志倭人伝』の中で「倭の国の人は相変わらず手食している」と記述された通りの状態であった。このように、奈良時代に貴族の食べものと庶民の食べものは食作法も含めて完全に分離することになった。

当時、野獣を捕るとすべての部位を活用していた。一番よい部位はお上に献上されたが、残りの部位は庶民も利用し、縄文時代には塩分はこうした内臓や髄から取っていた。しかし、やがて上層部は弥生時代になると塩分を藻塩から、平安時代以降は塩田で生産される塩を利用していくことになった。

『万葉集』にはシカのあらゆる部位を有効活用したことを示す歌がある。「乞食者の詠（ほかいびとのうた）」にはこうある。ある人が平群（へぐり）の片山の櫟（いちい）の木の下で弓とかぶら矢を携えてシカを待っていたところ、雄ジカが近寄ってきてこう言ったという。「あれ（われ）は死ぬべし、おほきみに、あれはつかえむ。あが角はみ笠のはやし、あが耳はみ墨のつぼ、あが目らは真澄の鏡、あが爪はみ弓の弓筈、あが毛らはみ筆のはやし、あが皮はみ箱の皮に、あが宍はみ膾（なます）のはやし、あが肝もみ膾のはやし、あが眩（みげ）（胃）はみ塩のはやしに」利用されることでしょう。老いぼれのシカ、私一匹が七重八重にも花が咲くと褒めてください、と。

2 食用されたシカの肉と内臓

殺生禁断でも肉を食べていた庶民

しかし、このような食生活は天武4（675）年に一変した。天武天皇が殺生禁断、肉食禁止の詔を下し、獣や魚を獲る手段を制限するとともに、牛、馬、犬、サル、鶏の肉を食べることを禁止した。これは、大陸との交渉が盛んになり、仏教と儒教が伝来し、とくに仏教が当時の支配階級の間で強く信仰されたことが大きな理由の一つとされる。聖徳太子の「憲法十七条」の制定によって仏教が事実上の国教となり、その教えは国民の日常生活を規定した。その戒律は殺生を禁じていて、その教えによれば生きとし生けるものを殺すと、必ず仏から罰を受ける。これが一切の衆生に及べば肉食はありえない。肉食の禁忌はまず貴族から始まり、次第に庶民にも広がっていった。しかし、庶民の間ではこの禁令は必ずしも十分に守られなかった。そのため元正、聖武、孝謙、恒武、崇徳、後鳥羽天皇が、その後も殺生禁断の布令を繰り返し出している。

天武の詔に先立つ皇極元（642）年、雨乞い祭りに牛や馬を犠牲にすることが禁じられたが、それは農作業や運搬用に重要な家畜（役畜）を保護する狙いがあった。天武4年の詔はそれを一歩進めたものであった。その後、慶雲3（706）年の飢饉時には供犠に代えて土牛が用いられ、天平13（741）年には「馬牛は人に代わり、勤労して人を養う」から大切にせよとの詔も出された。当時讃仰された涅槃経には「犬は夜吠を勤め、鶏は暁鳴を競い、牛は田農に幣れ、馬は行陣に労み、また、猿は人に類す、故に食わず」とある。肉食の禁忌は、貴族階級に続いて都市に住む比較的上層部が仏教の信仰を深めるにしたがって、さらに広がっていった。彼らは殺生を避け、仏の慈悲にすがって来世には極楽に行けることを願った。だから、放鷹司は狩猟用の鷹や犬を野に放った。大膳職は魚を獲るために飼い慣らしていた鵜を解き放した。諸国の貴族も食用のために飼育していた鶏やイノシシ、豚を放した。こうして公に近い立場の人々の食生活から肉食の習慣が消えていった。しかし、庶民の間ではこの禁令は十分に守られたわけではなかった。中央から遠く離れた九州では、筑後守道君が養豚を盛んに奨励した。しかし、禁令外の存在であったシカは日本人にとって相変わらず貴重な肉資源であったし、さらに重要視されることになった。

乳製品をたしなんだ天皇家や貴族

貴族たちが極楽に往生したいと願って、殺生禁断や肉食禁止の教えを守るとき、身体的には栄養状態は悪化する。ちょうどその頃、大化元（６４５）年に善那という中国からの帰化人が孝徳天皇に牛乳を献上した。その帰化人は「和薬使主（やまとくすしのおみ）」という名前をもらって、天皇家や貴族に向けて牛乳、乳製品を定期的に供給した。また文武４（７００）年頃、地方に牧を置いて牛乳を搾り、酥（そ）や酪というチーズやバターのようなものを作って上納した。これについても取り立ては厳しかった。天皇家は和銅６（７１３）年に奈良の山向こうの京都山背国に、50軒の乳戸を置き、そこで生産された牛乳を毎日３升１合５勺届けさせていた。

ただし、乳製品も牛乳そのものも鎌倉時代を迎える前にはまったく食べられなくなった。それ以降も明治時代になるまで日本人が牛乳と無縁となっていたのは、日本人の食生活において不思議な歴史とされる。

平安時代：シカのご馳走も出た大饗料理

平安時代（７９４年～１１８５年）になると、貴族たちは唐の国を模す生活を徹底的にすすめた。上層部は高坏（たかつき）という少し高目のお膳を置いて、その真ん中に高盛飯を置き、そのまわりに土器（かわらけ）の皿を並べ、副食物を入れた。このとき、土器の数が多ければご馳走になるとのことで、ここから「お数（かず）」あるいは「おまわり」という女房言葉が生まれた。和食はスタート時、奈良や平安の貴族が中国の真似をしながら作り上げていったものであった。その一方で、庶民は相変わらず糧飯しか食べられなかった。

平安時代の「延喜式」には「地方に対して鹿や猪などを賦課し、全国から集めている」とある。また同書には、２月、８月の釈奠（せきてん）祭の料として、シカの干肉や塩辛のほか、羹（あつもの）などに用いる肉や内臓の名が出ている。天皇の長寿を願う正月「歯固の膳」は毎年の行事であったが、その献立は大根１杯、まこも串刺２杯、押鮎１杯、煮塩鮎１杯、猪宍１杯、鹿宍１杯と決まっていて、シカは天皇や貴人の最高のご馳走の一つとなっていた。「倭（わ）名類聚鈔（みょうるいじゅしょう）」にはハレの日の食膳にはシカを煮たり焼いたりして必ず出す準備をしなければならないとある。

平安時代は唐風食の模倣がすすみ、この時代に成立した「大饗料理」の形式は盛り合わせの美しさを追求することになった。貴族の生活は先規先例を尊重し、故実と称して旧慣を反復し、型にはまった形態となった。食膳では調味や栄養よりも盛り合わせの豪華さを競い、いわゆる見せる料理を良しとした。これが和食の性格を後世まで規制していくことになる。

鎌倉時代：狩猟を好む武士たちが肉食

鎌倉時代（１１９２年〜１３３３年）には武士は贅沢の禁止と尚武の奨励により狩猟を好んだので、山の幸としてのシカは重要な食材とされた。しかし、前述のように天武4年に殺生禁断や肉食禁止のお触れが出され、その後も繰り返し同様のものが出されたため、京都の公家たちは殺生を避けていた。そこで『百錬抄』（13世紀末ころ成立）には、大勢の武士が洛中の寺院の境内でシカの肉を食うことや六角西洞院に宍市がたつことについて、「洛中の不浄、この事にあり」と嘆いたとある。『庭訓往来』（14世紀末〜15世紀初めころに成立）には鳥獣の料理法が出でおり、生もの、汁もの、煮もの、煎もの、炙もの、蒸しものにして食べると記されている。

武士の時代が始まったのは、平家が天下を取った平安時代後期（12世紀後半ころ）からであるが、その平家は京都に住み続ける間に公家化して、まもなく滅亡した。替わって天下をとった源頼朝は東国に進出し、鎌倉に幕府を開いて武家社会を確固たるものにしようとした。征夷大将軍に任ぜられた翌年の建久４（１１９３）年5月、頼朝は富士山麓で大規模な巻狩りを挙行し、武士の力を見せつけて公家たちを震撼させ、政治の主導権を掌握した。武家社会の棟梁は地方貴族であったが、大部分の武士はふだん地元で農業に従事し、直接食糧生産に携わりながら武術を鍛え、「いざ鎌倉」という時に武器をとって戦場にはせ参じるのであった。狩猟で得た山の幸を食膳に供し、盛んに肉食しながら活動の原動力とした。米は玄米で、植物性の油で調理したおかずを好み、平安時代よりもずっと健康的な生活をするようになった。一方、鎌倉幕府は京都にいる公家の生活に干渉することをしなかったため、京風ものはこの時代も独自の発展を続けた。こうした東西の食文化がやがて融合し、和食を形成、発展させていくのであった。

室町時代：獣肉が魚鳥肉より下位とされる

室町時代（１３３６年〜１５７３年）は武士が相変わらず獣肉を食べ続けたので、公家も平安時代ほど獣肉を忌む風は少なくなっていた。『尺素往来』（15世紀ころ成立）には、「武士は鹿などの獣や山鳥などの鳥を探しては食べている」とある。その頃、『四條流包丁書』などによる食事作法が発達し、獣肉は魚鳥肉より下位の食材とされたため、上層部ではハレの席で魚鳥を好んだ。また、安土桃山時代（１５７３年～１６０３年）には懐石料理が精進ものだけでなく、魚鳥肉を使用したものに変わっていった。品数は少ないが料理の質は高く、見て美しく、味わって奇なるものに食の楽しみを求めたため、千利休は「客せばや　掃除第一　床かざり　馳走するのは　さて後のこと」と戒めた。

禅宗の道場では一汁一菜を旨とし、座禅では空腹に耐えるために暖めた石を懐に入れて修業していたが、やがて軽いお粥などを間食することになった。これが懐石料理のはじまりであった。しかし一方では、来客があれば客膳料理でもてなすことも行われた。こうした食形態が、道元によって懐石と結びつけられて茶懐石へとすすんでいった。この時代は、足利幕府が京都の室町に置かれたので公家の影響を強く受け、武士は質実剛健さを失い、生活は奢侈的で消費的になった。武家の礼法が確立され、供応の形式も整った。三代将軍足利義満は外国に対して自らを「日本国王」と文書に押印したほど誇り高かったので、平安時代から続く料理の流儀に対する競争心を燃やし、四条流の流れをくむ大草三郎左衛門公次に命じて、武士の礼儀に従った和食を作ろうとした。それが「本膳料理」であった。最初は質素なものであったが、だんだん贅沢になり、二の膳、三の膳、与の膳、五の膳まで三汁九菜からなる豪華なものになった。これも和食の形を決めるのに役立っていく。

安土桃山時代：精進物のもどき料理は肉食への憧れ

安土桃山時代になると、南蛮料理と中国料理が本格的に伝わって、油をたくさん使った料理が盛んになった。一方で禅寺の精進料理にも油をかなりよく使って栄養バランスのよいものが作られた。豆腐のキジ焼き、ナスのシギ焼、がんもどき、タヌキ汁（これはこんにゃくを使う）、ツルもどきなど、肉食への憧れを秘めたような植物性の料理が現れた。この時代、食肉は垂涎の的であったことが理解できる。来日した宣教師パードレ・ロレンソ・メシヤはマカオにいる上司に向けた手紙で、日本では「ただ、塩のみで味を付け、ある地方では塩が食料品である」と書いた。当時は出汁を使って素材を活かし、季節の移ろいを料理に反映させていたことがうかがえる。これは和食がユネスコの世界文化遺産に登録されたときに挙げられた特徴の一つである「持ち味の尊重」にあたるものと考えられる。ちなみに、出汁は古くは大宝律令に一級の最高の献上物としてかつおの干物（かつお節）と昆布が出ているので、その歴史はとても古いことが理解できる。

江戸時代：シカ肉を武家や公家も「くすり喰い」

江戸時代（1603年〜1868年）になると、貴族の食文化や禅風の食べもの、武家の本膳料理、精進料理や普茶料理、南蛮料理、中国料理が鎖国中の日本国内で混ぜ合わされ、これらのすべてが消化・熟成されて、和食（日本料理）が完成することになった。その間、菱垣廻船や樽廻船が江戸と大坂の間を行き来した。北前船が日本海沿いを各地の港に寄りながら荷を積み降ろしていった。その過程で日本はそれまで経験したことのないような広域交流によって一つの国になっていき、その下で和食は完成することになった。

江戸時代は五代将軍徳川綱吉による「生類憐みの令」の発布（貞享4〔1687〕年）などもあり、殺生は禁忌とされていたものの、それは建前上のこととなり、シカは盛んに食べられた。庶民は宗教に無頓着気味で肉食し、また武家や公家は「くすり喰い」として肉を食べた。江戸後期の儒学者・羽倉簡堂（はぐらかんどう）の『饌書（せんしょ）』によると、シカの肉は美味で、胸肉が最も味がよく、後肢がこれに次ぐとされ、料理としてはすき焼風の鍋料理が歓迎されるようになったという。この時代、中国料理や南蛮料理の影響により、これまでより日本人は多くの脂肪を摂取するようになって健康は向上した。また文化・文政のころオランダ医学が輸入され、儒医の香川修徳でさえ「邦人は獣肉を食はざる故に虚弱なり」と栄養面から肉食の必要性を説くに到り、江戸の町々で「肉食は体に良い」と言われだしたこともあって、獣肉を売る「ももんじ屋」ではシカが「紅葉（もみじ）」という隠語で公然と売られるようになった。荻生徂来が「吾邦にて大牢（たいろう）（立派なご馳走）といへるは、大鹿、子鹿、猪なり」と記したように、江戸時代のご馳走の一位がシカ肉（紅葉）であったことは一般に広く知られていたことであった。

明治時代以降：肉食は獣肉から畜肉に変化

明治時代以降は政府の欧化政策によって、家畜や家禽の肉をもっぱら食べるようになった。そのためシカは冬季の狩猟解禁時に郷土料理として食べられるのが関の山で、ほとんど食べる機会は失われた。

それに対し、ヨーロッパではシカ肉は手に入りにくく、フレーバー（香り）も優れていることから特別のご馳走とされてきた。それは、王侯や貴族の晩餐にふさわしい料理の食材であった。シカを狩猟することを娯楽とし、食卓にシカの臀部肉をローストして出すことは、生まれの高貴な人々に限り許されるものであった。そのシカ肉を一般の人々が食べることができるようになるのはごく最近のことであるという。シカ肉は今でも特別の肉とみなされ、狩猟期にのみ入手できる季節食材として「食卓の王」と認識されてきた。そのため、毎年ノーベル賞受賞者晩餐会のメインディッシュとしても出されることになっている。それに反して日本では、近年ジビエが小さなブームになりはじめてはいるものの、日本人は古来先祖が食してきたシカの味をすっかり忘れ去ってしまったようである。

3 細工されたシカ角

権威や豊穣を象徴するシカ角

万葉の時代から「あが角はみ笠のはやし」といわれたシカ角は、風雲雷雨を司るものとして古くから神聖視され、吉事のモチーフとされてきた龍の頭につけられている。このことからわかるように、一般的に角は地上の権威を象徴し、その拠り所となる力を表現するものとして世界中で認められていた。その兜や冠に角を飾れば、それをかぶる者の力が倍加し、知力や霊力が横溢すると考えられてきた。

そのため、わが国でも戦国武将は兜にシカ角を付けることが多かった。本多忠勝のシカ角脇立兜はシカ角をあしらった脇立（兜の鉢の左右に立てて威容を添える装飾）に何枚もの和紙を貼り合わせ、黒漆で塗り固めた。彼は徳川家康「四天王」の一人であったが、とくに三河武士はシカ角を重宝した。それ以外にも山中鹿介幸盛や酒井忠勝、長宗我部信親、真田幸村など、勇猛果敢な武将の兜にはシカ角が「み笠のはやし」として飾られていた。

シカは弥生時代から繁殖力の強さが注目されており、豊穣の象徴で生産力のシンボルでもあった。そのため、諏訪大社をはじめ多くの神社ではシカを神の使いとしてきた。シカの皮革には呪術的意味合いも深く、前述したようにシカの毛皮の衣を着た聖たちはシカの角を付した長い杖を手にして民間を布教して歩いた。また、修験道の山伏たちも毛皮を腰に付して山野を修行してまわった。僧侶や法体の法王、諸門跡、参議以上の公家たちが宮中に参内する時に着用した礼服に裘代（きゅうたい）というものがあったが、これは「かわしろ」とも称され、皮衣に代わる服という意味をもっていた。さらに角をもつものは外敵の侵入を許さないという防御の役目も果たし、土地を囲う柵や門に角を飾る風習もあった。

入手しやすく加工しやすいシカ角

シカの雄は枝分かれした枝角をもっている。これは皮膚で覆われた頭骨の突起である角座に載っていて、ふつう春になると接合部が崩壊して脱落する。角が落ちると、直ちに角座の先端部の皮膚が伸びて袋角（鹿茸）を形成する。このようにして角は山野で自然に抜け落ちるので、比較的入手しやすかった。シカの角は触ると硬いが、カルシウム主体のウシ科の洞骨とはちがって、ケラチンが含まれているので水に長くつけておくと自然と柔らかくなる性質をもつ。それに気付いて縄文時代からシカ角を釣針や矢じりなどに自由に加工し、利用するようになった。そのため、角をノコギリやヤスリで加工して、椋の葉で磨き上げた製品が後世、数多く生産されることになる。

一方、シカ角そのものを飾ったり、刀掛けや釣竿置きにしたりすることもよく行われてきた。その場合、森で白化してしまったものも一般に飾られたが、とくに立派な角をもつシカを狩猟して、それを飾ることはステータスシンボルとなっていた。そのため、武将の兜にはとくに立派な角が用いられた。

シカ角細工の生活用品や工芸品

シカ角の細工は口伝によれば、安土桃山時代から江戸時代初期にかけていちばん盛んであったようである。嘉永2（1849）年の『大和国細見図』の中に名産として「シカ角細工」と書かれている。大和国（奈良）では元禄元（1688）年ころから角切りが始まったといわれ、それを活用したシカ角細工が盛んになる。その様子は明治28（1895）年刊行の『大和の各処のしるべ』に、角細工の描かれた挿絵として、煙管（きせる）や数珠、刀掛け、櫛、かんざしが出てくる。そのころまでに和装のヘラ、箸、帯留、菓子ようじ、手削り耳かきなどの生活用品、アクセサリー、置物、ペーパーナイフ、キーホルダーなどの実用品がたくさん作られている。

昭和20（1945）年以降になると、ブローチやペンダント、ループタイ、カフス、帯留などに現代風の細工が施され、伝統工芸品もしくは特産品として名を馳せる品々が現れる。もちろんヨーロッパに多くあるナイフの柄やハンドル、ボタンなどの装身品も国内で生産され、帽子掛けや釣りのタモ、壁にかける飾りにもシカ角が使われることになった。現在ではインターネットオークションに、シカ角を使った腕時計やジュエリースタンドや根付、ペンダントトップ、ウエストポーチのアクセサリ

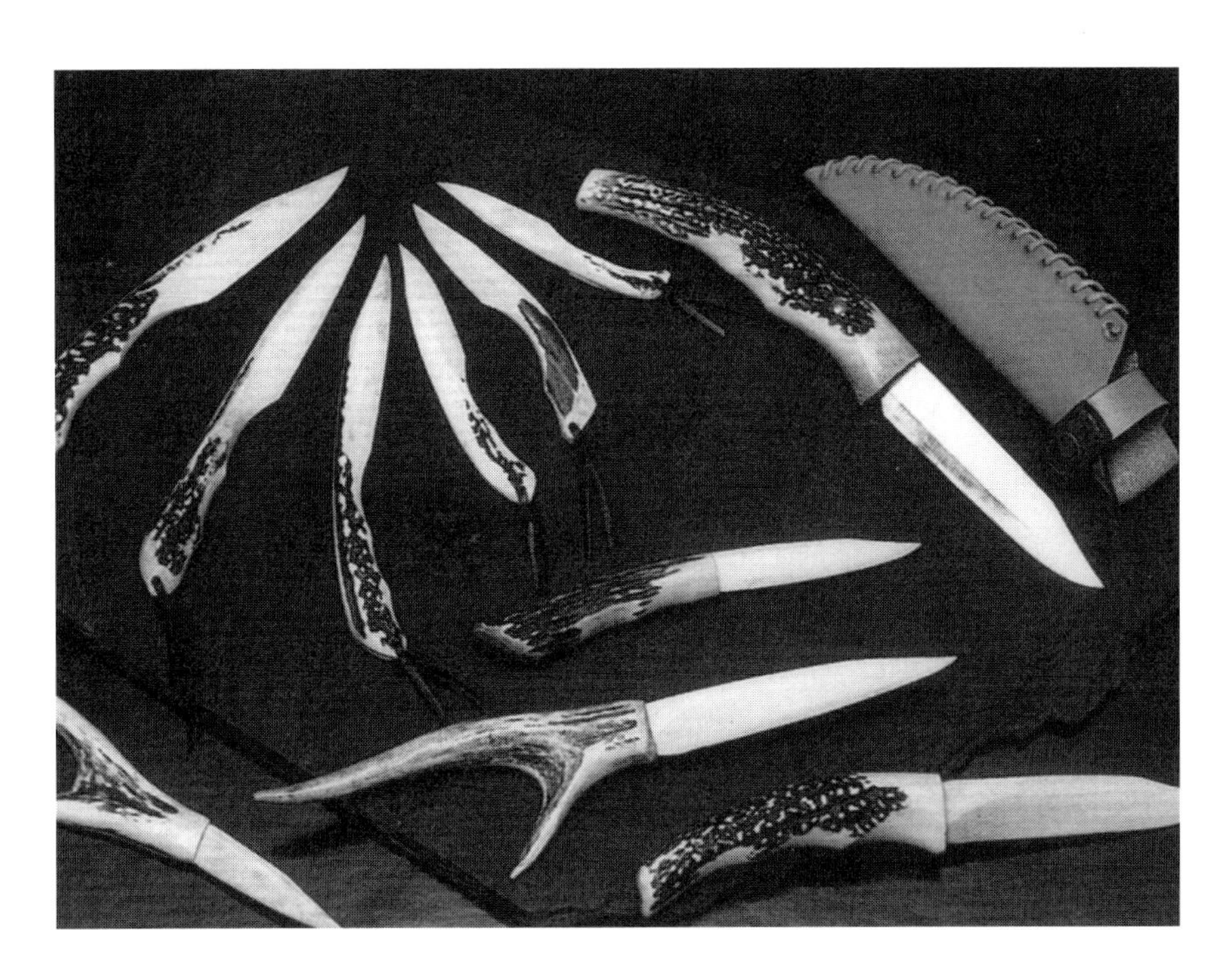

シカ角のペーパーナイフ（上）とペンダント、角笛（下）

ー、ハンガーなども加わって、シカ角細工は日本人の生活に潤いを与えている。シカ角細工がこのように活況を呈するのは、角を集めるのに象牙や鯨歯、河馬牙、ウニコール（一角獣の角）、海象牙（せいうち）などと違って、シカの生命を奪いとる必要がない点が日本人の心に安らぎを覚えさせるのであろう。

妙薬としても珍重されたシカ角

角はさらに妙薬としても珍重され、ギリシャ・ローマ時代にサイの角が解毒剤やてんかんの治療薬として重要視され、削って粉薬として売られていた。わが国では鹿茸以外にシカ角が薬種として貢納されたことが『延喜式』に記されている。通常のシカ角を黒焼きにして、ニンジンやニッケイを加えて産後に服用させていたのであった。

4 薬用にされたシカ角（鹿茸）

古くから補精強壮剤とされた鹿茸

シカの角、とくに袋角は鹿茸（ろくじょう）といわれ、古くから薬用とされてきた。これは毎年春に新しい角が伸びてくると、骨化して硬くなる前の状態で切り取られるもので、血液が流れているので温かく、触感は弾力があり、産毛が生えている状態である。

中国では鹿茸が古来、貴重な生薬と評価され、『神農本草経』（1～2世紀ころ成立）という最古の薬物学書などに記載されている。この漢方の古典は漢代に原形が成立していたと考えられるが、原本は失われ、現在『神農本草経』の名で呼ばれるのは、480年ころに陶弘景が増補・編集したものである。わが国でも鎌倉時代、兼好法師の『徒然草』第一四九段に「鹿茸を鼻に当てて嗅ぐべからず。小さき虫ありて、鼻より入りて、脳を食むと言えり」とあり、古くから補精強壮剤として貴族社会で用いられていたことがわかる。中国でとくに有名な梅花鹿茸は、ニホンジカと同類の品種といわれるシカから得られるもので、中国東北、華北、華東、華南および西北地区で生産される。これは牛黄や麝香と並んで、強壮や強精、長寿を目的とした珍貴な漢方薬に位置づけられている。

補助的処方やドリンク剤で使用

日本でも東洋医学会で著名な補助的処方として「鹿散補湯」があり、これは鹿茸を第一の材料として使用している。主要な効能は強壮や強精、鎮痛薬で、インポテンツ、不妊症、小児の発育不良、貧血、めまい、耳鳴り、頭痛、頭重、四肢のしびれ、不眠、更年期障害など、また過労、神経衰弱、ノイローゼ、心筋疲労症、低血糖症などに有効とある。

鹿茸は粉末にして眼科に用いることもあるが、主に補精強壮剤としてやる気を起こさせるものと信じられている。そのため、わが国では市販のドリンク剤に鹿茸を入れるものが増え、高価なドリンク剤の多くに鹿茸が入れられている。

なお、漢方としての鹿茸は梅花鹿や馬鹿、シベリアアカシカの袋角に限られており、これら3種以外のシカの袋角は一般に幼角と呼ばれている。

5 重宝されたシカ皮革

人類最初の衣料とされるシカ革

シカ革の使用は先史時代までさかのぼることができる。約50万年前の氷河期に生きた人々も、悪天候から体を守るために動物の皮を使用していたらしい。彼らは皮から肉をこすり落として外套としたり、履物を作ったりした。イタリアのアルプスで発見された有名なアイスマンは紀元前5000年以上前の人とされ、皮革をまとっていたと報告されている。狩猟動物の皮を利用する場合、植物繊維を衣服に加工するために、紡いだり、織ったり、編んだりという技術が不要であったため、このように古くから衣服として用いられていた。中でもシカの皮はイノシシやウシの皮に比べて加工しやすかったので、さまざまな生活用品として柔軟で丈夫な革紐や身体各部を覆う薄い皮膜素材となった。そのため、シカ革は人類最初の衣料であったとされる。

日本書紀に記述のあるなめし革生産

日本列島が形づくられた後の集落の跡では獣皮が見つかっているが、シカ皮を用いた甲冑と思しきものが出土している。シカ皮を武具として利用しはじめたのは弥生時代からといわれる。日本最古の皮革として知られるものは、亜久利加波で、大和時代に朝廷に献上された。これは皮についた脂を取り除いただけの毛皮で、なめしはされていなかった。崇神天皇の時代、シカ、カモシカ、イノシシ、クマなどの皮革は「弓弭の調」といって朝廷への重要な貢物であった。弓弭は弓の両端の弦をかけるところのことである。古代にもっとも重宝されたのはシカ皮で、「革足袋」と記されたものはシカ皮製と決まっていた。シカの皮は通気性、耐久性ともに優れ、しなやかで加工がしやすかった。

『日本書紀』には仁賢6(493)年、「是歳条」にわが国から派遣されて高麗から帰国した日鷹吉士が工匠の須流枳、奴流枳らを天皇に献上したとある。そして、「今、倭国の山辺郡額田邑の熟皮高麗は是れ其の後(子孫)なり」とあり、わが国におけるなめし革生産に関する文献上の初見といわれる。したがって、皮革生産は弥生時代後期から古墳時代に始まったことになる。当時原皮としてシカが使われたのは疑いのないことである。シカは弓矢で倒すことができたので、捕獲時に皮を傷める範囲が狭く、格好の皮資源になった。その後、時代とともに日本独自の皮革製品が作られていった。

奈良~平安時代:皮革生産が盛んに

律令制がしかれた奈良時代には、皮押し、押し皮に堪能な熟練工が官衙や寺院に付属する工房で革工として仕事についていた。そこでは刀剣の鞘や日本最古の足袋、そして靴履、鞍、吹革(鍛冶に用いるふいごの皮)などが製造された。それらは奈良の正倉院に残されている。彼らは品部に編入されていたが、その多くは朝鮮からの渡来人およびその系譜につながる人びとであったと推察される。当時、主にシカ皮が用いられたが、牛革や馬革、クマ皮も用いられるようになり、皮革の表面に模様の型をあておいて、松葉やわらの煙でいぶし、型の部分を生地色のまま残す作業も行われた。こうして燻革が作られ、染革して紫革、緋皮、纈革、画革、白革なども作られた。

平安時代の「延喜式」から各地の特産品を見ると、各種皮革産地として43カ国があがっているが、シカ皮を特産とした国は35カ国、牛皮は14カ国であった。皮革の用途は鞍や馬具、甲冑、刀剣、弓道具などの武具のほか、履、敷物、衣料、腰帯、紐、装飾品、革櫃、吹革などがあったようである。平安時代、荘園制の下では、従来の官営工房から流出した技術者たちがその技能をもって荘園領主に抱えられたり、技能を受けついだ河原者たちが斃牛馬（たおれぎゅうば）の解体処理を生業の一環としたりして皮革生産が行われ、高まる需要に応じていた。また、皮革の直接生産者から製品を集め、それを用途に応じて適当に裁断したものを商う切革職人の同業組織である切革座も12世紀半ばの京都で出現し、後世の皮屋や切革屋の源流をなした。当時、皮革の直接生産者は狩猟民や山人を含めて多様であったと伝えられている。

鎌倉～戦国時代：シカ皮革を多くの武具に使用

鎌倉時代にはなめし技術がさらに発展した。皮革は武具製造に不可欠のものとされた。高性能の接着剤である膠は武具製造に不可欠なものとして大いに使用された。この時代には矢を盛って腰に背負う靫（うつぼ）に毛皮をつけて、矢が濡れるのを防ぐことも始まっていた。足利尊氏、新田義貞が鎌倉幕府を滅ぼした後、南北朝時代に入ってまもなく、征西将軍懐良親王（かねよししんのう）の時代、正平6（1351）年ごろに武具などの細工が始まった。その後、正平23（1368）年足利義満の時代が始まると、鎧や馬鞍、弓懸（ゆかけ）に細工が施されるようになった。

武具に使用されたシカ皮（姫路城）

戦国時代を迎えて16世紀に入ると、皮革の需要が急速に高まり、各地の戦国大名は競って熟練工の確保に努めた。そのため、大名自身の出身地を中心に彼らを呼び、皮革の納入を義務付けて皮役を課した。彼らに特権（職業と販路の独占）を付与することと引き替えに城下町の周縁地域に緊縛して身分や職業、居住地に関して、その他の民衆と隔離する政策をとった。その頃、革足袋や革袴、巾着、印籠が出回り、武士は革袴、庶民は巾着を所有することになった。また、千利休の創意と伝えられる「雪駄」とよばれる竹皮草履の裏に牛皮革を張りつけたものも作られた。

江戸時代：シカ皮革が庶民の生活に浸透

江戸時代が始まって慶安3（1650）年～元禄13（1700）年にかけて、皮革産業は次第に衰退傾向になった。それは、平和な時代になって武具としての需要が減少したためである。とくに明暦3（1657）年の江戸の大火以降、革足袋や革袋の生産が減ったのは革工が少なくなったことによる。

しかし、シカ皮革は近世に至るまで、山仕事や狩りに出る人々の間では、茨や切株から下半身を保護する袴として重宝されていた。また、家具として革座蒲団や皮櫃、皮籠など、文房具として革文箱（革文庫）、楽器として太鼓や鼓が庶民の生活に普及した。その後、正徳5（1715）年には紋印度亜革が、明和7（1770）年には印花革が生産されるようになると、再び皮革産業が活気を呈するようになった。煙管袋や煙草袋、鼻紙入れなどの小物がシカ皮を用いて作られた。

明治時代になると皮革生産における封建的な特権は広く一般の資本家に開放された。陸奥宗光は郷里和歌山で、「兵制を完全にせんとすれば、鉄と皮の供給豊富にせねばならぬ」と演説した。こうして皮革生産は次第に牛や馬、豚の皮を原皮とする時代になっていった。

第3章

牧場の開設に向けて

1 シカの生態と行動を知る

1 一般的な行動習性

野性的で警戒心が強い

シカは非常に野性的である。勇猛であると同時に臆病で、慎重な行動をとって人を怖れることが多い。人が接近するとすぐ逃げるか、人を避けようとする。周囲の環境に対して警戒心が極めて強く、特に雄ジカは常に警戒状態を保っていて、驚かしたりすると鳴き声で群れ全体に警告を伝え、警戒心を持たせようとする。そのため、シカは通常は夜間に行動することが多いが、人の影響が少ない地域では警戒すべきことが減るため昼間でも行動する。1日のうちで夕暮れの採食時に最も活動が活発になることが知られている。

シカはオオカミの気配や恐怖、憤怒を感じる時には、眼の下の涙腺がすぐ開き、両耳が直立するか、または後ろ向きになる。尻の斑毛は逆立ちし、歯ぎしりしながら脚を踏んで敵を迎える態勢を示すか、鋭い声をあげて素早くその場から逃げ去る。

シカの感覚器官の中で、聴覚と嗅覚が一番発達している。シカの耳は大きくて長いので、音声を聴くのに最適で、即時に各種の音声を聴くことができる上に、それを分別することができる。すべての疑わしい音声は、それが小さいものでもよく聴こえるのである。

通常、採食するときはいつでも体を風に向ける体勢をとる。嗅覚器官は、シカが活動中に方角を分別したり、餌を探したり、異性を求めたり、敵害を避けたりするのに重要な道具である。鋭い嗅覚によって、餌を探すほか、数百メートル以上先の害獣や人間の動きに気付いて、直ちに危険から脱出することができる。

追ってこないと知ると逃げない

警戒心を持つ一方で、シカは一種の好奇心も旺盛である。敵の存在に気付くと、すぐには逃げずにまず目で見て鼻で嗅ぎ、敵が近付いてくるのを感じ取ると、数歩走ってから立ち止まり、方向をよく見極める。敵が確かに自分を追ってくることが確認されると逃げ出す。しかし、敵が追ってこないとわかるとシカは逃げることはない。あるいは、あっちこっちとちょこっと歩く

放牧されたシカ（北海道）

だけである。時には逆の方向に何歩か歩くこともある。横になる時でも常に警戒心を持ち、万一自分に向ってくる敵があればすぐに立ち上がって逃げ出す。逃げる時のシカは、頭を上げたまま角を使って目を木の枝で傷つけられないようにする。

いったん危険がないと判断すると少しずつ落ち着いてきて、安心して餌を採り出す。ふつうシカの歩行はほとんど小走りである。危険に遭遇した時だけ全力で走る。その際の走行は時速72㎞までになるが、雪が60～70㎝と深い時には跳躍でしか進めない。

昼は林の中に隠れ、主に朝と夜に行動

シカ科動物の生活様式を見ると、昼のあいだシカはほとんど林の中に隠れている。朝と夜に林から出て採食する。行動領域はふつう0・5～2・0㎡と比較的狭く、あまり移動せず、同じ場所に群れで定着して生活している。ただし、母子グループから独立した雄は新しい生活環境を求めて遠くまで分散することがある。

敵の少ない地方では白昼でも採食に出ることがある。シカは遠くから人間が近付いてくるのに気付くと、休息の場所から林の中に逃げ込んでしまう。とくに年をとった雄ジカは警戒心が

強く、いつでも林の中に身を隠している。雌ジカは雄ジカに比べると比較的警戒心が弱いので、道を横切ったりする時に人間に見つけられやすい。

太陽が沈んで空気が涼しくなり、そよ風が吹いてくる時間帯になると、シカの動きは活発になってくる。とくに雨や雪が降る前に一段と活動が活発になるようである。

シカは通常、傾斜地とか灌木地を選んで休息する。人の目を避けることができると同時に、視野も広いからである。春になるとシカは毎日2時間あまり休息する。暑い天候の時にはさらに休息時間が長くなる。休息中にときに立ち上がって短時間採食をしてから、また横になって休息しながら反すうする。冬の採食にはあまり規律性はない。降雪時はあまり活動せずにほとんど休息状態でいる。寒い晴天の時には比較的活発である。冬期に風の強い日には、林の中で風を避けられる場所を探して風除けする。

群れをつくって行動する

自然条件の下ではシカは1年のほとんど群れをつくって活動する。シカは群体性が強く、何頭かのシカがいるとさらに多くのシカを集めようとする。寒さが厳しくて雪が多い冬には、群れになる習性がほかの季節よりさらに強くなる。群れの大きさは一定しないが、通常10頭から25頭ほどである。その頭数は、主にシカの分布状況と餌の集中程度によって決まるものである。シカのこうした群体的な生活様式は、害獣が突然襲ってくる可能性を減らすことができることから、敵害を予防するための適応行動の一つともいえるだろう。

シカはいろいろな自然的条件に対して一定の適応性を持っている。森林や草原でも、亜熱帯や寒帯でも、あるいは乾燥や多雨、多雪などの地域でもシカは分布している。こうした類型の違う地域でも、シカを導入してそれぞれの地域の風土に馴化することができる。もともとシカ類はいつも森林の中で棲息する動物であるが、草原に導入してからは必ずしも木本植物を飼料にしなくても、その生存にはあまり影響がない。

環境への適応性は高い

シカは寒冷の気候に対しても強い適応性を持っている。気温がマイナス20～40℃になっても我慢できる。シカに影響する要因としては雪の深さがある。雪の深さが30㎝以上になった場合には採食できなくなるため、放牧シカには補充飼料を与えなければ十分な給餌とはいえない。

このようにシカはどんな地域でも風土馴化できるという事実から見て、この動物の生態的可塑性は非常に大きいことが理解できる。

2 群れと社会的行動

群れでは雄が見張り役に

シカの群れには3頭の見張り役の雄ジカがいて、群れを囲んで最も高い位置に1頭、中腹位置と下方位置にそれぞれ1頭ずつ位置取りしながら行動する。これらの見張りジカに守られて、ほかのシカは採食したり、反すうしたり、寝そべったり、遊戯したりしている。見張りジカは常に耳を立てて左右に動かし、目を光らせて周囲を巡回する。緊張しながら、万一の異変や危険に備えている。

群れの大小を問わず必ずこうしたリーダー役がいて、これらの大小の群れが合流すると、外敵来襲などの異変があったときには、このボスが合流群をまとめて指揮する。シカ社会ではこのように役割分担が決まっていて、外敵から群れを共同で守るために雄ジカの序列がはっきりしている。

野生ジカの行動特性

◎シカは身の安全を守るために自ら逃げ道をつくり、一度定めた道をいつも往復し、やみくもに走ることはない。個体ごとに自分の道をつくり、自分のつくった道を通り抜けるのが野生ジカの行動習性である。

◎野生ジカは谷間に集結して生息するが、谷間の周辺をあらかじめ下検分して逃げ道を丹念に調べる行動をとっている。シカ群が危険にさらされる前に、リーダー役が群れに合図を出して自分もいち早く逃げる。

◎野生ジカが飼育ジカの牧柵に近寄ったとき、牧柵金網を挟んで、野生ジカと飼育ジカ相互のシカが肩を打ちあう行動をして、ときには牧柵を破損することもある。そのとき角で突き合うことはなく、シカ同士でコミュニケーションが行われているようである。飼育ジカの場合でも広い牧場内では序列をつくる。

◎春と冬に住む場所が異なり、冬は温暖なところ、夏は樹木の繁茂しているところに群がりやすい。そして必ず頂上・中腹・下方の3カ所に見張り役の雄ジカを配置している。また、床作りと、何度も床替えをする傾向が見られる。

野生ジカの群れの行動観察

養鹿にあたっては、まずシカの導入が必要となる。現状では野生ジカを捕獲して飼うことは法的に難しい課題があるが、将来的にはそれが主流になっていくものと期待している。養鹿経営に取り組むにあたっては、シカの習性を考慮した生体捕獲を行う北海道・池田鹿牧場での野外観察記録が今後参考になると思われる。この観察記録は佐藤健二や伊東正男そして丹治藤治らによって行われた。池田町に来るシカはいわゆる渡りシカで、春は志幌町から東に向い、20㎞離れた池田町に現われ、その後40㎞離れた浦幌町へと移動する。秋の終わり頃からその逆コース、東から西へ向って移動する群れであった。

〈春のシカ群：第1陣〉

平成３（１９９１）年３月29日、雄ジカ４頭（ボス鹿）が下調べのため姿を現し、４月６日、再度若雄５頭が姿を現わす。４月26日、26頭のシカ群が第１陣として池田に来て、２日間滞留してから移動した。

〈春のシカ群：第２陣〉

５月５日、雄３頭が姿を現わし、５月17日、７頭のシカ群が２日ほど滞留した。

〈夏のシカ群：第３陣〉

６月８日、雄４頭が下見した後、６月12日、13頭のシカ群が３日間滞留して移動した。

〈秋～冬のシカ群：第１陣〉

11月22日、12頭が２日間滞在して移動した。

〈秋～冬のシカ群：第２陣〉

12月１日、雄２頭が下見した後、12月10日の午前12頭、午後11頭、計23頭のシカ群が集まり、12月13日にはすべてのシカの姿が見られなくなった。

〈冬のシカ群：第３陣〉

１月８日、雄３頭が下見に来た後、１月15日、４頭が来て２日後に移動した。

十勝・池田でシカは６００頭あまり生息しており、浦幌で越冬して池田で繁殖し、志幌で成長し、池田経由で浦幌に帰るというパターンを毎年繰り返し、移動するコースも決まっている。シカの道は自らがつくり定めた自分の道を通る。なお、シカが危険を感じて移動した事例としては、白糠地区が狩猟期に入ったときに、80～１００㎞先の阿寒地区に大群が移動している。

3 山ジカと里ジカの区別

山中に生息し、時折餌を求めて山を下りる山ジカ

山ジカとは山中につねに生息しているシカ群で、不定期にその食性に合わせて餌を取りに山から里に下りてくる。冬期など山中に食べものがなくなると、里に下りてきて作物を荒らし、一定期間が過ぎると再び山に戻って生活する。里に来て半日～1日ほど滞留する場合でも、寝ぐらは山の尾根であり、そこで休息、仮住する。里に下りてきた時の山ジカ群の個体は被毛に光沢はなく、やせている。山ジカは冬期食べものに飢えていることが多いので、この時期には捕獲箱に入りやすい。

よく里にやってきて田畑を荒らす里ジカ

一方、里ジカは随時または常時里にやってきて作物を採食するので、農家に大きな被害を与えることが多い。田畑を荒らし、半日～1日ほど滞留する場合でも、里の下の方か原野のまん中で休息し仮住する。里ジカはふつう被毛に光沢があって、体躯も丸々と肥っている。生け捕りする場合は2歳までなら容易に捕獲できるが、3歳以上のシカは捕獲箱に近寄らず、生け捕りは難しい。仮に捕まえたとしても簡単には慣れないので飼養するのが難しい。

テリトリーを守りつつ、たまに勢力争い

北海道で観察された阿寒のシカは、4月20日頃、500～300頭という大群が集まる。山ジカも里ジカもそれぞれの群れのまま里一帯に集まって牧草を食べる。集合するのは40日間ほどで、夕方一斉に寝ぐらへ戻っていく。山ジカは山の尾根に向って群れで移動し、里ジカは牧草地の中に寝ぐらを構える。山ジカと里ジカは勢力争いでそれぞれの群れの一部を取り込んでいくが、それは近親交配をさけるためと思われる。山ジカと里ジカは各々のテリトリーを守りながら、ときには力関係で一部を乗っ取り、吸収することもある。

4 一般的な食性

主に木の葉や野草を食べる草食性

シカは草食性の野生動物で、その食性の特性は進化の過程で形成されたものである。野生のシカは森林や木がまばらな森林性の草原に生息している。このような生息地には豊富な木の葉や木の皮、草本植物がある。シカは主に木の葉や野草を飼料にしているので、その進化過程で長い臼歯をもつようになったと思われる。植物性粗飼料を栄養源とすることによって、消化管が非常に複雑となり、消化機能はますます完成されていった。すなわち、反すう動物として完成したのである。また、外界の温度や湿度、敵害なども、シカの食性の形成に一定の影響を与えている。

シカが自然的条件下で採食する植物性飼料の種類は、その分布地域や気候条件、季節の変化によって異なってくる。春、草木が芽生える時期には、木々の若葉や若芽、青草、特に闊葉樹の枝葉やイネ科の雑草類がシカの好物である。夏になると、シカは多汁喬灌木の葉や草本植物の若葉をよく食べる。秋になると、草木が枯れはじめ、各種の果実が成熟する時期であるので、一部の草類を食べるほかに、多汁の灌木果実や多肉果、およびいろいろなキノコや地衣植物、苔植物も食べる。さらに土の中のイモ類を前足で掘り出して食べることもある。冬季には、林の中で落葉や落果を採食するほか、野生の枯れ草や小枝も食べる。時には柳やポプラの樹皮も餌になる。シカは深さ30㎝以下の雪の中からであれば、ドングリを掘り出して食べることもできる。

シカにとって野生植物の中で最も重要なのはケヤキ灌木の枝葉である。これは各季節の食物の中でも特に重要なものである。夏は草本植物の餌としての品質が低下するので、なおさら重要である。ケヤキ灌木の枝葉は、シカが1年間に採食する食物の実に70%以上を占めるともいわれる。

ミネラル不足解消に塩類土壌をなめる

シカが採食する植物性飼料ではミネラルが不足する。シカはほかの有蹄類動物と同様に各種の塩類が必要となるため、野生ジカはそうした鉱物質のある場所を探しては土をなめる。分析によると、一部塩類土壌の中には炭酸ナトリウムや塩分、硫酸塩が含まれている。シカは小川や渓流など、水のあるところにもよく足を運ぶ。シカは塩類土壌からしみ出した塩分をなめることによって、ナトリウム塩やカルシウム塩に対する欲求を満たすのである。これらの元素が欠乏すると、生体の生理的働きが破壊され、造血器官の働きが乱れて体重が減る。

2 牧場（飼育施設）を選定する

選定の自然的条件と社会的・経済的条件

シカの牧場（飼育施設）を選定する場合には、自然的条件と社会的および経済的条件を考えなければならない。自然的条件には、気温や雨量、風向、地形地勢、土壌の性質、水源の存在、植物の分布やその成長期などが含まれる。一方、社会的および経済的条件には、交通の利便性や飼料の供給、製品の輸送と販売、疾病の予防、住民の意識、労働力の供給源、また農業との競合の可否が含まれる。

平坦で、やや南か東南に傾斜のある場所がよい（宮城県の養鹿場）

1 地形、地勢と土壌の条件

日当たりよく乾燥した場所を

シカ牧場に適した地形は、比較的平坦でやや勾配（5％程度）があることである。しかも南か東南にやや傾斜している場所がよい。そのような地形は排水もよく、土地の乾燥状態を保つのに便利である。山間地では牧場が三面山に囲まれ、山水の悪い影響を受けることなく、風がよけられ、日向で良好な排水路があるようなところにしたい。一方、平坦なところで牧場を建てる場合には、騒躁や汚染から離れた静かで風通しがよく、地勢が高くて乾燥する場所を選ぶ。また、草原地帯では湿気や降雪を避けるために、地勢が高くて空気が乾燥した場所を選ぶのが望ましい。

2 飼育舎

高台で乾燥し、排水のよいところを

シカを舎飼いにする場合、運動場の設置が重要になってくる。

高台にあって乾燥し、排水のよいところが望ましい（熊本県の養鹿場）

運動場は陽あたりがよく、降雨の後に排水のよいところが適する。一般にシカは水たまりで戯れるのを好むので、湧水池があれば最良である。鹿舎も高台でよく乾燥し、排水のよいところがふさわしい。鹿舎は南向きで光が十分入り、風通しのよい場所を選ぶ必要がある。そこには餌の置場や倉庫、各鹿舎の間切り、飼料槽、排水溝などを設け、周囲の四面を運動場とする。各房の間切りは鉄か頑丈な木で作るとよい。床にはたとえ小面積でもひづめをすり減らすための硬い床面を設置し、一部には寝わらを入れておく必要がある。

3 放牧場

管理区域は平地で、日除けや隠れ場所も

放牧場は傾斜地でもよいが、管理区域は平地に設けることが必要である。里山を利用する場合は、平らな場所と林地の両方あるところが望ましい。飼養頭数はその用地の牧養力や給餌の程度によって異なる。ニホンジカの場合、冬期のみ多少給餌するとして、1haあたり雄1頭、雌5～10頭が目安となる。1グループは15頭以下がよく、牧場内に突起物など危険物がないこ

なるべく平坦で、日除けや隠れ場所になる木々があるとよい（北海道の養鹿場）

養鹿場内の二重フェンスの出入り口（宮崎県）。手前のフェンスは2m以上ある

とが望ましい。適度に草薮や樹木があると、日除けや隠れ場所になってシカには好都合である。里山などでシカを飼育する場合は、できるだけ手をかけずに行うのが原則で、冬季に牧草がない時には多少乾草やサイレージなどの粗飼料を与えるが、それ以外は固形飼料やフスマを一部与える程度でよい。

現状では1haの放牧地にたったの2頭しかシカを入れない牧場から、1haに15～20頭も飼育する牧場までいろいろある。集約的になればなるほど管理は複雑になる。もちろん、牧場はいくつかの小牧区に分ける必要があり、乾草やサイレージの生産用に春に刈り取られた牧区でローテーションを組んで放牧すべきである。また、次の牧区にシカを移し替えた時に掃除刈りや播種を行う必要がある。冬季の飼料用として夏の間に、田畑のあぜ草、道路や崖に生えるクズや野草をサイレージとして保存したり、桑の葉や樹木の葉を乾燥させたりしたものを給餌するなど、工夫次第で安価な自給飼料で飼育できる。

養鹿場内の区割フェンス（宮崎県）。外フェンスほどの高さはいらない

4 フェンス

柔らかい素材で2m以上必要

フェンスはなるべく柔らかい素材のものにして、シカの負傷事故を防ぐように心がける。養鹿が盛んなニュージーランド製のシカ専用のフェンスもある。あるいは廃材や立木をそのまま利用する方法、建設工事などに使う鉄柱を利用する方法なども考えられる。いずれにしてもシカがフェンスを乗り越えないように、高さ2m以上のフェンスが必要である。また、フェンスの下を掘って野犬や猟犬が侵入したり、子ジカが逃げたりするのを防ぐために、10㎝ほどフェンスの下部を埋没する必要がある。谷間とか排水溝の附近は脱柵しやすいので二重にするなど工夫する必要がある。

5 管理小屋

牧場の中央部に設置し、中はうす暗く

管理小屋は、シカを捕獲し、捕獲後に病気治療の手当をした

り、日常の放牧を行ったり、さらに移動輸送をする前後や発情・分娩・離乳などに際して群れをグループ分けにしたりする時に必要な設備である。また、これは冬季の寒さや風雨を避ける避難小屋（シェルター）を兼ねるほか、幼ジカや雌ジカの隠れ場所にもなりうるもので、危険な状況を回避し、シカの損傷を少なくするのにも役立つ。

管理小屋は牧場の中央部または道路に面した場所に設置するのが望ましい。ベニヤ板で囲った簡単な小屋でよく、窓はつけない。中はうす暗い方がむしろシカを落ち着かせるのに好都合である。この小屋に板張りの細い誘導路を連結し、小屋の中にシカをふるい分ける装置のクラッシュを設ける。簡単なドア形式のものから、本格的な扇状または円形のものまである。シカにはふだんからこの小屋の中で濃厚飼料などを給餌し、避難またはは休息の場所として慣らし、管理人が餌を与えると不安なく小屋の中に入ることができるようにする。そのほか、保定器（シカを宙づりの状態で保定する装置）や体重計などを備える。

シカは幅1m長さ9mの誘導路を通って管理小屋の中に導かれるのがよい。これはできるだけ暗い方がよく、シカは1mほどの通路の中を走ったりはしないので、シカを落ち着かせるのに効果がある。ふだんからこの小屋内で濃厚飼料や無機塩などを与えるようにすると、シカは容易に小屋に入ってくる。捕獲する時は餌を給与してシカを誘導路に導き、シカが採食している間に扉を閉め、捕獲するシカだけをクラッシュに選り分け、必要に応じて保定器に固定する。成ジカ1頭あたりの床の面や水飲みの長さは、シカ同士の争いを防ぐ必要から、大変重要である。

3 シカを導入する

1 素ジカの導入にあたって

地元に生息する種を利用するのが最良

北海道を除く日本全土に生息するニホンジカはわが国古来の在来種で、風土や気候に優れて馴化した動物である。したがって、これ以外の外国産のシカを輸入してまで養鹿を始めることには疑問を禁じえない。もともとシカ産業を興そうという筆者らの発想は自然界に増殖しすぎてしまったニホンジカの有効活用という観点から始まったものであるから、当然のことである。しかもニホンジカは外貌の美しさから、精神文化面でとくに好まれ、また物質文化面での利用も盛んであった。この動物は山紫水明の国土が生んだ傑作ともいえ、養鹿の中心に据えるにふさわしい品種である。

家畜の世界では風土の産物といえる土着の在来種を差し置いて外国の高能力家畜を運び込んだり、在来種の改良に外来種を利用して改良を成功させたりする例が少なくない。実際、乳牛に関して北海道では欧米とよく似た気候条件の下で牧草が育つため、外国から輸入されたホルスタインが定着し、今や酪農王国と呼ばれるようになっている。一方、和牛に関しては放牧の観察によると改良草地に入れられていても、牧草を食べることは食べるが、むしろ在来の野草を好んで食べたがることが知られる。したがって、養鹿の場合でも、当面、本格的な草地改良に取り組むケースは少ないことを考えると、改良草地の牧草を食べ慣れてきたアカシカのような外国シカを導入することはふさわしくないであろう。

宮崎が昭和55（１９８０）年、ギリシャの放牧調査を行った際、在来の地方種エンドピアと呼ばれる牛を見たことがある。この牛は成雌牛で体高１０５cm、体重２００kg程度の超小型種であった。ギリシャの過酷な風土に長年なじんできたためとても丈夫で、人も羊も木陰を求めて昼寝をして過ごすような真夏の炎天下でも、元気に地上の枯れ草を食んでいた。この地域ではホルスタインとブラウンスイスを導入し、交配して改良種を育成したものの、それらはすべて暑さに耐え切れず、へばってしまっていた。やはり風土に適応した品種には、それだけのものが遺伝的に備わっているのである。こうしたことから見ても、日本での養鹿の主役にはニホンジカがふさわしいといえるだろう。

外国産シカの導入を避けたいもうひとつの理由は、自然界でニホンジカとの交雑の恐れがあるためである。シカ牧場から脱出した外国品種が生態系に悪影響を及ぼす懸念がぬぐえないからである。

以上のことから考えると、養鹿の素（もと）ジカとしては北海道ではタイリクジカの亜種であり、古くから道内に生息してきたエゾジカを、北海道以外の地域ではニホンジカで、しかもそれぞれの地域に生息する種を選定することが望まれる。そして将来的には、その中でシカ肉あるいは鹿茸という生産目的別に能力の特化したシカが飼養されていくことであろう。そうなればシカはさらに準家畜化され、別品種にも関心が寄せられるに違いない。外国シカの導入はそれから後に考えることになるであろう。

シカの行動特性を知って導入を

シカは牛などの家畜と異なって神経質な動物で、行動的には跳躍力に優れている。追い立てるとふだんは越えない２m近くのフェンスでも楽に飛び越えることができる。傾斜地を駆け上がることを苦にせず、常に見通しがよく、後ろの地形が安全な場所を好む。必要がなければ移動しない。ほとんどのシカは群れで社会生活をし、小グループをつくったり、交尾期には雄雌でハーレムをつくったりする。発情期に入った雄ジカは性質が変わり、人に攻撃的になるのでとくに注意して取り扱わねばならない。

こうした行動特性を知った上で、養鹿のための素ジカは養鹿農家で飼育されていたシカを導入するか、生体捕獲された野生のニホンジカを購入することにより導入することになる。養鹿経営では素ジカの導入費用が施設面での費用に次いで多くなるので、健康で安価な優れたシカを導入するように留意する必要がある。

養鹿に利用する素シカは導入時に個体識別の耳標を付け、各個体の飼育管理票をつくり、血液や糞便、疾病の検査記録をと

エゾジカ

り、出荷までのすべての記録を記載し、トレーサビリティの基本資料として保存しておくこと。

導入する素シカは養鹿施設に収容し、早急に馴致させる。畜舎内には飼槽や草架、水飲み場を設けておき、常時シカが出入りできるようにしておくと馴致が容易となり、各個体の健康状態や成長の様子も観察できる。

2 わが国で導入・飼養されてきた品種

①日本産のシカ

エゾジカ

タイリクジカの亜種とされ、北海道に分布する。見た目はニホンジカによく似ているが体型が大きい。肩高１０２cm、体重90kg、角は70～82cmにもなる。角は左右に広く開き、形状としては第１・第３・第４枝がいちじるしく長く、まれに短い第２枝を生じることがある。普通は４枝であるが、５枝の角をもつシカもいる。冬毛は灰褐色で尾の先は赤褐色、中足腺は黄褐色

ニホンジカ

で目立たない。

ホンシュウジカ

中型種のシカで、本州、金華山、瀬戸内海の島に分布する。肩高は雄81㎝に対して雌73㎝、体長は雄149㎝に対して雌134㎝、体重は雄63・9㎏に対して雌41・2㎏、角は30～50㎝で、時に65㎝になることもある。体重も日光で80㎏、金華山で70㎏、奈良で65㎏というように生息地によって差が見られる。夏毛は赤褐色で白斑がある。冬毛は暗い褐色で白斑はなくなるが、かすかに斑点が見られる。尻に白斑があり、白斑の上縁は黒く縁どられている。尾の先は白色である。中足腺は白色の毛が生えている。

生息場所は、森林と隣接した草原、採草地として開けた草原や低木林で、緩やかな傾斜地を好む。採食は早朝や夕方行い、日中は木陰に入って休息し、反すうしていることが多い。餌は主に草や若芽、葉、ササなどである。群れは小さく、雌雄は母子では群れをつくるが、採草地に集まったシカ同士で餌場を基盤とした集団を形成することもある。雄は通常1頭か、または小さな雄群をつくって行動する。繁殖時期（9～11月ころ）になると、雌雄混合の群れになる。危険が迫ると、足を高くあげた高踏歩様をし、「ピャッ」という警戒音を発し、尻の白斑を四方に大きく開いて一斉に跳躍して逃走する。出産期は5～6月、角とぎならびに泥あび8月下旬、交尾期は9～11月ごろとなる。

キュウシュウジカ

四国、九州、五島列島に分布する。肩高80㎝、体長1・2～1・4m、尾11・7～12・5㎝、体重35～44㎏で、ホンシュウジカよりも小型で角も短い。角の開きは狭く、第3角は左右平行となる。第1、第4枝は比較的短い。体色はホンシュウジカによく似ている。

その他のシカ

九州以南の島々には、以下のような島固有の品種も分布している。そのいくつかを紹介する。

・ツシマジカ：対馬に分布する。ホンシュウジカよりも大型。冬毛は黄褐色で中足腺は淡褐色である。

・ヤクシカ：屋久島や口永良部島に分布する。肩高80㎝以下で、角は25～33㎝と小さい。体重は30～50㎏。角の第1枝は極めて短く、2叉3尖。体色は暗色で、冬毛は黒茶色。キュウシユウジカより小さい。

このほかにケラマジカ（屋嘉比島、慶良間島、阿嘉島に分布）がある。

②外国種のシカ（国内で養鹿用に導入されたシカを中心に）

アカシカ

北アフリカのアルジェリア・チュニジア、地中海沿岸のコルシカ・サルジニア、ヨーロッパのイングランド・スコットランド、小アジアのカフカズ・イラン・タリム盆地などに分布する。そのほか、オーストラリアやニュージーランド、北アメリカ、南アメリカのアルゼンチン・チリなどにも移入されている。アカシカ属は大型のシカで、肩高は１・２～１・５m、尾が12～15cmで、体格や体重は地域のよってかなり変動がみられる。

英国南部のイングランドでは平均体重は雄が85kg（56～132kg）、雌が58kg（38～77kg）となるが、北部のスコットランドなどでは雄の体重は２３０～３００kg、体長が１３０～１４０cm、雌は体重が１６０～２００kg、体長が１２０cm前後。アカシカの尾は平たく粗く短く、尾の先は鈍い。雄ジカの角は通常

アカシカ（馬鹿／中国吉林省）

6枝に分かれ、最高で8枝に分かれる。長さは最大のもので1・3mにも達する。第1枝（眉枝）は幹と大きな角度を持ち、角の先端は三脚のようになる。耳は頭の長さの2分の1以上、尾は比較的長く、先がとがっている。

アカシカの夏毛は茶褐色または栗色で、冬毛は褐色か灰褐色、臀部の毛色は体の毛と反対に夏は深々と多く、冬は少なくて、褐色から黄白色に変わる。臀斑として区別できる。アカシカの頸の毛は粗く長い。腹の下および四肢の内側の被毛は細くて軟らかく、淡色で背線がくっきり見える。初生子ジカは体の両側に白色の斑点があるが、成長・発育とともに白斑点は次第に不鮮明となり、5～6カ月齢で消失する。チベットアカシカは茶褐色で、冬毛が灰黄色で、臀斑は不明瞭で冬になると白色になる。

柔らかい落葉や枯枝を食べ、春には青草を食べる。主に夕方と夜間に採食する。昼間は密林の深く、日陰の小高い場所で休息し、蚊やアブの襲撃を避けている。袋角が生えるころになると雄ジカは常に山谷を駆け巡り、川辺で袋角を洗って水と戯れる。雌ジカは3～5頭の群れで、多い時は十数頭の群れで行動する。雄ジカは常に単独で行動する。交尾期になると頻繁に長い鳴き声を上げて雌ジカを呼び寄せる。雄ジカ同士が出会った時は闘争が激しく行われる。馴化されたアカシカの反応は鈍感で、飼料と生活条件の適応性は強い。

アカシカの発情周期は18・3±1・7日で妊娠期間は約8カ月・236日。新生仔の平均体重は雄6・7kg、雌6・4kg（3・2～10・4kg）である。ニホンジカとの交雑種が存在する。

ワピチ

北アメリカのアラスカ・カナダ・アメリカのほか、アジアの北東部と中北部、中国東北地方に分布する。俗名はエルク。大型のシカで、肩高1・6m、体長1・95～2・70m、尾8～21cm。夏毛は背が黄褐色で頸と下面は暗褐色、冬毛は褐色を帯びた灰色で、たてがみは暗褐色、尻の斑紋はうすい黄褐色となる。角は非常に大きく、5本以上の枝があり、幹は後ろに反っていて先の方が扁平になっている。

タイワンジカ

ハナジカとも言われ、台湾に分布する。肩高88～90cm、角の長さ35～72cm、尾13cm。体重42～90kg。夏毛は赤褐色で、冬毛は淡褐色。夏毛、冬毛ともに白い斑点がある。背の正中線には黒色の線状斑がある。中足腺は淡褐色。角の第1枝が極めて短く、第3枝は左右に開く。

梅花鹿

中国の東北・華北・華中・華南と西南地区に分布し、とくに東北地区で最も多く飼育されている。東北地区では東北梅花鹿、河北・山東地区では河北梅花鹿、山西地区では山西梅花鹿、江蘇・安徽南部・広東南北部では江南梅花鹿、台湾地区では台湾梅花鹿と呼んでいる。中型のシカで体高は98～１０８㎝、雄の平均体重は１２２・７kg、雌は64・８kgである。毛色が鮮やかで顔つきが美しい。夏毛は短く栗色または赤茶で、白色の斑点がある。首から尾まで背椎に沿って幅２～４㎝の茶色か黒色の背線がある。背線の両側に一列に白色斑点が並び、体側に星を散らしたように白い斑点がある。この斑点が梅花のようであるので梅花鹿と名づけられている。雄ジカにはカール状のたてがみがあり、尾は粗毛で長く、黒・白・茶の３色存在する。尾は扇状の白色の長い毛で、腹下と四肢の内側は白に近い淡い色である。秋の末から初冬にかけて全身に密度の濃い長い冬毛が生え、白い斑点が消える。翌年の春、冬毛が脱けて再び斑点ができる。成熟した雄や雌は眼の下に1対の涙窩がある。雄ジカは生後2年目で角が出てくる。３年目に角は枝分かれし、完全に発育すると四枝となる。

野生の梅花鹿は平坦地を好み、灌木林と森林周辺に群れをつ

梅花鹿（中国吉林省）

くって生活する。食性としては粗飼に耐えることができ、主に野草や木の芽、柔らかい灌木、乾草などを食べる。環境への適応性が高く、性質は温順である。臭覚が発達しているほか、聴覚や視覚も鋭敏でよく跳躍を行う。中国国内では薬用的な価値が高く、鹿茸用のシカとして古くから飼養されている。

サンバー

インド、スリランカからマレー半島、チベット東部、スーチョワン、ユンナン、海南島、スマトラ、ボルネオ、台湾などに広く分布し、オーストラリアやニュージーランド、日本などに輸入されている。水鹿（すいろく）ともいう。体長は１・７～２・２ｍで、体高は１・２～１・55ｍ、尾が22～35cmで、体重は１５０～３１５kgあり、よく均斉が取れた体型である。頭と四肢は細長く、蹄は大きく、側蹄は小さい。雄には角があり、大きいものでは90cmにもなる。角は眉の上部で３本に枝分れし、斜め上方に向かっている。体毛は普通茶褐色で、尾端に黒色の長毛がある。頸部や背、体側の被毛はまばらで硬いが、腹部の被毛は柔らかい。頭頂から頸，背、尾まで１本の濃い茶褐色の背線がある。また、雄ジカの頭や胸部にはたてがみのような長さの毛が生える。

典型的な森林動物で、主に闊葉樹と針葉樹が混ざった林に生息し、草や柔らかい樹木の葉などを食べる。性質は機警で嗅覚が優れている。

ダマシカ

アジアから、中近東、ヨーロッパにかけて分布し、アメリカやアルゼンチン、チリ、オーストラリア、ニュージーランドなどに移入されている。雌雄とも肩高85～95cm、体長１・３～１・７ｍ、尾15～20cmで、耳が短く、尾が長い。角は掌状76cmほど。体毛は白色から黒色までさまざまな色をしている。夏毛の多くは赤褐色で、白い斑点がある。背には黒い線があり、尻には黒色で縁どられたハート型の白斑がある。冬毛は灰褐色で、はっきりしない斑点が見られる。発情期の雌の尾の毛は陰門まで隠れる12cmほどの長さをもつ。目は大きく、耳も突出している。子は夏毛で産まれてくる。角の大きさはいろいろで、年齢や栄養状態によって異なる。最初の角は３cmから大きくて15cmほど。ふつうのシカと同じで年齢とともに大きさを増す。３年目になると扁平な形になる。上顎の犬歯を欠く。

3 導入時の個体鑑定

シカ導入時に立ち会って鑑定を

シカを新たに導入する際に注意しなければならない点は、必ず導入に立ち会い、満１歳ほどの若くて健康なシカを選ぶことである。種シカの導入にあたっては、性格が温和で健康に問題がなく、雌ジカでは毎年正常に出産できそうな個体を、雄ジカでは毎年鹿茸を生産できそうな個体を選ぶ。その鑑定にあたっては以下の点に注目する。

・体形が長方形であること。
・前脚は大きく頑丈で、後脚は真直ぐであること。
・体毛は滑らかで光沢があり、糞便は乾いていること。
・目は輝いて明朗であり、神経質でなく、行動が敏捷で反応が迅速であること。
・雄ジカは精巣が大きく、雌ジカは骨盤部が大きいこと。
・胸部が大きく張り、角座も大きいこと。
・性質は温和で食欲が旺盛であること。

4 捕獲による導入

ストレスで興奮させないことが肝心

シカを捕獲しようとして追いかけると、フェンスの低い箇所を探して飛び越えようとする。フェンスが丈夫であれば、シカはフェンスに体当たりして、口や鼻をぶつけて出血する。こうなるとシカの呼吸が激しくなり、興奮状態に陥る。さらに興奮状態が激しくなると、立つことも不可能となり、座り込んでしまう。あまり追いまわすと心臓発作を起こすこともある。したがって捕獲する前に与えるストレスを最少にして、作業を手早く完遂できる方策を立てる必要がある。保定の際もふだんからシカの習性を熟知し、慣れておく必要がある。

捕獲する際にはシカが完全に小屋の中に入るまでは、管理人以外の人が近寄らない方が作業はスムーズにすすむ。囲いが小さくなればなるほどストレスが強くなるので、クラッシュでシカを仕分けし、捕獲が不要なシカは解放してやる。捕獲するシカは保定器の方に導き、踏み台を落としてシカを宙づりの状態で保定する。もしシカが暴れるようだったら目隠しをする。診察や処置の間、痛みを伴って暴れる場合は鎮静させるか、麻酔を施す。

以上のような点について留意して慎重に選ぶ。そして、搬入時には耳に耳標を付け、個体識別できるようにする。また、ツベルクリン反応を行い、陽性のものは処分する。野生ジカはほとんどの場合病気にかかっていることが多いので、獣医師に診断してもらうことが大切である。保定器の設備がない場合はなげ縄や網などを用いて捕獲するが、できるだけうす暗くしてシカを興奮させないように注意する必要がある。

5 薬剤による保定・制御

筋肉を刺激せず、解毒剤のある薬物を

シカの保定・制御に際して薬剤を使用する場合、一般的な薬剤で対応可能である。用いる薬物はほとんどが筋肉内に投与されるため、理想的には筋肉を刺激しないものがよい。できれば投与する薬物に対する有効な解毒剤があるものを選ぶ。現在使用されている薬物の投与量は体重に基づいて算出されているため、体重を正しく把握することが重要である。また、若齢や老齢のシカ、妊娠しているシカについては、特別の配慮が必要である。

ベルベット（鹿茸）を採取する時以外にシカを保定・制御する場合は、シカが大なり小なり疾患や栄養不足になっていると思われるため、獣医師の指示の下で細心の注意を払う必要がある。シカに用いられる不動化薬物としては、主に塩酸ケタミンや塩化サクシニルコリン、キシラジンがある。

6 麻酔銃や吹き矢による捕獲

飛行距離5m以内の小型麻酔銃か吹き矢で

遠く離れたところからシカに薬物を注射することができれば好都合である。しかし、20mも飛ぶようなライフルを使用すると、威力が強すぎてシカの体の中に深く入りすぎて傷を負わせることになる。したがって、飛行距離がせいぜい5m以内の小型の麻酔銃か吹き矢を使用するとよい。その場合、うす暗い管理小屋の中で敷料などを敷いてどこに倒れてもよい状態で行う。管理小屋がない場合は、フェンス越しであれば比較的安心してシカに近づけるため、フェンス越しに濃厚飼料などを与えるようにする。この場合もできるだけ静かに行い、シカを安心させた状態で麻酔をうつ。うつ場所はシカの臀部か頸部、または肩で、目標に対して直角にうつように心がける。

薬物の注入を確認し、不動化するまで待つ

麻酔銃や吹き矢の注射針がシカに命中した場合、注射器を回収して完全に薬物が注入されたかどうかを確認する。完全に注入されているようであれば、シカが過度に興奮して暴れないかどうか、薬効が現れる10～20分間にわたって物陰から静かに観察する。もしシカが不動化しない場合には、注入した薬物の薬効時間や体重の見積もり違いなどを確認し直す。追加投与する場合は、少なくとも20分以上間隔をとって慎重に行う必要がある。

なお、シカの皮膚は薄いので、通常は簡単な吹き矢でシカを不動化することができる。シカの臀部や頸部、または肩に吹き矢を射っても、特別暴れることもなく平穏なままで、他のシカに動揺を与えたりしないですむ。こうした吹き矢は注射器を加工すれば自ら作ることができる。

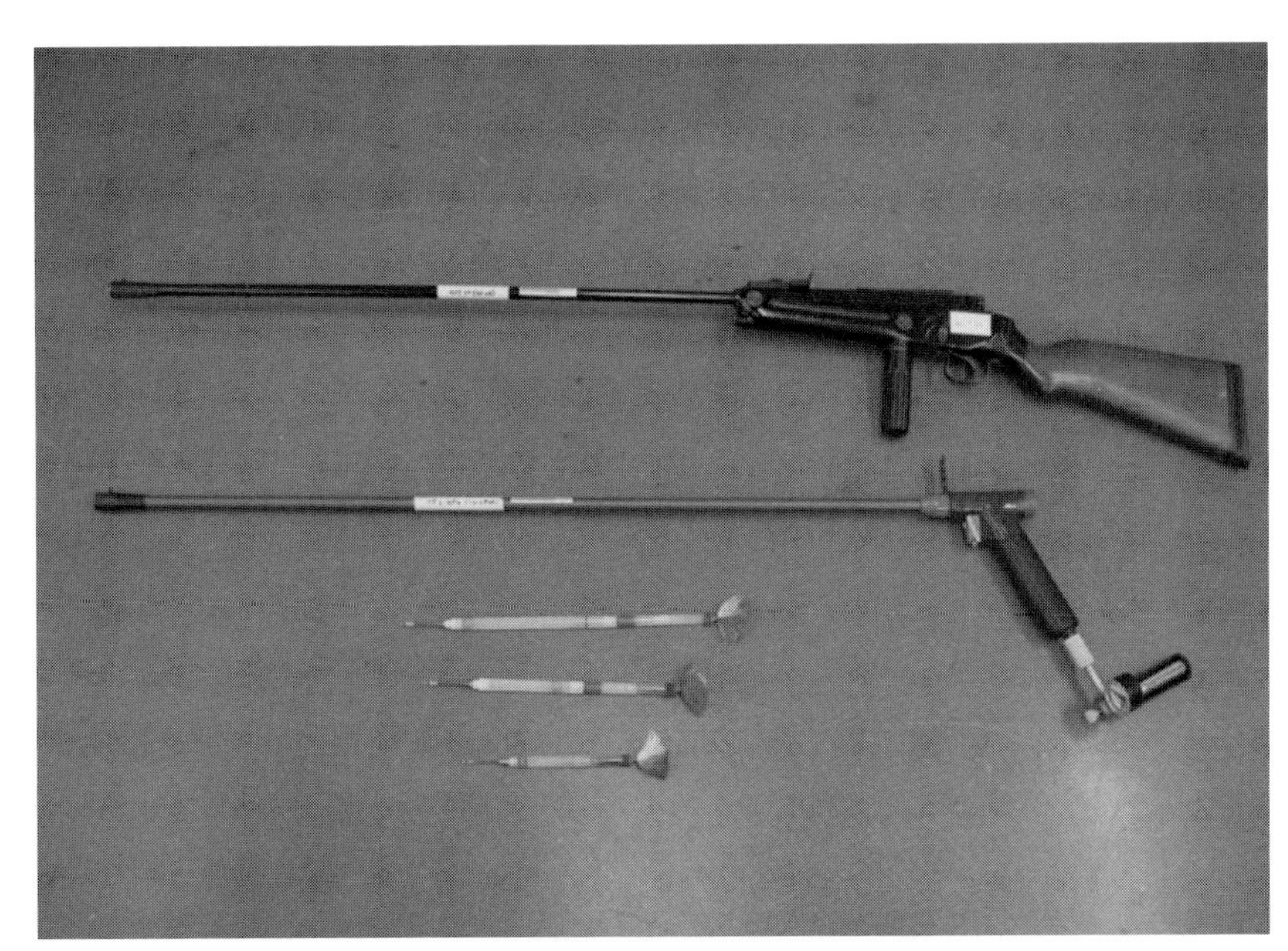

麻酔銃（上：長距離用／下：短距離用）と注射筒（写真提供：天王寺動物公園事務所）

7 シカの運搬

薄暗く体を傷付けない箱で、輸送時間は短く

シカはうす暗い方が興奮しにくいので、ベニヤ板で体重や体格にあわせて180×90×90㎝ほどのフタつきの輸送箱を作るとよい。空気穴を数カ所取り付け、箱の中にクギなどの突起物がないよう気を付ける。床にはおがくずや干し草またはワラを厚く敷き、蹄を痛めないように注意する。シカを安全に輸送するために、輸送時間はできるだけ短くする。もし12時間を超えるようであれば、シカに水を飲ませ、できれば餌も与える。とくに暑い日はシカにホースで水をかけるとよい。シカはバケツから水を飲むのを嫌がるので、箱の上から水をかけて箱の中に染み込んできた水を飲ませるとよい。

袋角の雄ジカはちょっとしたことで傷付きやすく、また傷口から多量に出血をするため、袋角がはえている時期をさけて冬期に行うか、袋角を切除後に運搬した方がよい。成熟した雌ジカは妊娠中期に動かすのがよい。新しく導入したシカは数日間静かにしておき、飼育場所に落ち着かせる必要がある。野生ジカの場合でも、暗い建物で過度に追いまわしたりしなければ、非常に早く牧場に慣れる。

なお、餌は急に変えないことが重要で、運搬する前の飼育条件などをよく聞いておき、徐々に変えるようにする。

4 養鹿経営の実際から学ぶ

養鹿の経営モデルは日本ではいまだ確立されていないが、健全経営を行っていた北海道・池田鹿牧場などでの経験から、養鹿の経営や飼育上のポイントなどについて振り返ってみたい。重要なのは、あくまでシカは「野生動物」であるということをけっして忘れないことである。

1 養鹿の経営上のメリット

・飼料の栽培などに不向きな土地の活用が期待できる。
・高齢者はシカの健康状態の観察など細かな管理に適任で、とくに夏場の管理などで活躍が期待できる。
・放牧地が十分にあれば夏期は放牧だけで飼育することが可能である。

2 施設設置にあたってのポイント

・施設にはできるだけ経費をかけない。給餌場所は広めにし、牧草などの給餌はシカが餌を踏みつけないように注意する。そのために、１頭単位で入ることのできる屋根が付いたスノコ状の給餌装置を設けるとよい。とくに、給餌箱は雑穀を入れる子ジカ専用のものを必ず置くようにする。
・シカは神経質な動物なので、安心して身を隠すことのできる場所が必要である。その場所には外部と遮断するための壁を設ける。
・鹿舎の壁際に高さ50～60㎝のベンチを置き、分娩した子ジカが雨風をしのぎ、身を隠すことのできる場所を確保してやることが必要である。
・鹿舎はいくつもの部屋に仕切れるように設計する。必要に応じて仕切りの高さ２ｍ以上でも対応できるように、コンパネなどをはめ込んで吊り下げた仕切りを設けられるようにする。
・除角や検査などのために、保定装置を設置することが必須である。鹿舎の中に追い込めるように通路を組み込むことも必須条件の一つである。
・鹿舎内は常に乾燥していることが必須である。東から南向きの日当りのよい場所を選定する。

3 飼育にあたってのポイント

・シカ飼育にあたっての最も重要な点はシカの性質を知ること。また、日常の管理で最も大切なのは朝夕給餌するときに全頭の健康状態をチェックすることである。したがって、１日１回は必ず見回りをすることを欠かさないようにする。糞便をチェックして、傷などで弱っているシカがいれば隔離する必要がある。

・飼育するシカには、雄ジカ、雌ジカ、子ジカを問わず、個体確認のために必ず耳標を全頭につける。

・給餌する粗飼料としては青草（生草）が一番よい。冬期は乾草にニンジン、ゴボウくず、カボチャ、キャベツなどを混ぜて与える。圧片コーン、くず米、麦なども組み合わせるとよい。牧草や野菜を主体として濃厚飼料は最小限とする。

4 経営設計にあたってのポイント

経営の設計にあたっては、飼育の実際や全国の事例について事前に調べて参考にすることが望ましい。全国の牧場の事例や実情については日本鹿皮革開発協議会が調査しているので、教えてもらうとよい。

・どのような経営を目指すのか

シカ肉や皮革などの生産を主体とする産業用なのか、シカとのふれあいの場所を提供する観光用なのか、または双方をあわせた経営とするのか。経営の目標をはっきり決めることが重要であり、そのために他の牧場の成功事例を見学することも必要である。

・牧場の飼育形態をどうするか

どのくらいの広さの牧場にするのか、放牧主体で追い込み式にするのか、舎飼いにするのかなど、飼育形態を明確にする。多頭飼育のシカを効率よく一カ所に追い込むためには、区分け用の牧柵を設けることが大切である。

・飼育頭数をどのくらいにするのか

基本は資本力に合わせることである。また、土地の条件も大切である。水が溜らないような乾燥したやや傾斜した土地で、南向きの場所がよい。できれば木陰も設けるとよい。

・製品の販売先をどう確保するのか

生産物の販売は経営上最も大切である。肉の販売では近くにと畜処理してくれる施設（と畜場）が必要である。大規模に経営を行う場合は自家用の施設を考えることが望ましい。その際は地元の保健所などに相談すること。観光牧場もあわせて行う場合は、他の関連施設と協力し合うことが大切である。

・開設の準備をどうするのか

牧場の開設にあたっては、飼育地周辺の事前調査を行う必要がある。環境調査では、土地や気候、植生などの自然的条件とあわせて、近所の人たちとの良好な人間関係を築くために社会的条件についても十分な配慮をすることが大切である。社会には動物嫌いの人や糞尿の臭いや処理にやかましい人もいるので特段の配慮が必要である。

■シカ300頭を飼育する牧場の経営例

〈牧場面積〉

約10ha（うち放牧地の実面積は4・5ha、牧草採取地は約4ha）

〈施設案内〉

・鹿舎：パドックは8つに区分する（雄舎1、雌舎3、子ジカ舎1、育成舎3）

・管理施設：保定施設、除角用暗室、追込用誘導路、飼料倉庫、事務管理小屋

・牧柵：高さ2・5m以上（中仕切の柵は2m以上でよい）で、支柱間隔は2～4m。網の目は5～10×5～10cm

・加工貯蔵施設：シカ肉処理施設、加工室および冷蔵庫、製品保管庫

〈その他〉

・放牧シカの管理の効率化を図るため、複数の輪牧区（小牧区）を設置する。

・放牧飼育では複数の区分エリア（小放牧区間にシカ出入扉付）

表3　販売計画策定にあたっての試算例

1頭当たり算出基礎　※1枚サイズ基準：100D/S（100cm×100cm）

項目	肉	幼角	原皮	革製品	計
産量	20kg	800g	規格品	吟付エコ認定染革	—
単価	2,000円/kg ヒレ・モモ・肩肉のバラ肉等総量平均価	10,000円/kg	2,000円/枚	3,000円/枚	—
金額	40,000円	8,000円	2,000円	3,000円	53,000円

300頭飼育の場合（千円）

種別	頭数	肉	幼角	原皮	製品	基礎数	備考
雌ジカ（肉用）	150	600		30	15		15頭×4万円 淘汰10%（30頭）
雄ジカ	15	120	150		15		淘汰20%（3頭）
育成ジカ	135	4,680		270	120	117/40	117頭×4万円 更新18頭
計	300	5,400	150	300	150		6,000千円

備考：母ジカの淘汰率10%、雄ジカの淘汰率20%、後継ジカの補充として18頭。子ジカは母ジカの飼育頭数90%（繁殖率）として計算した。

を設置する。
・放牧での肥育期間は16～18カ月間とする。
・シカ1頭あたりの年間飼料代金は8千円～1万円を目安にする。
・300頭飼育経営での年間売上目標は600万円とする。
・飼育頭数は、飼料代や施設を計算した上で設定する。母ジカ100頭（分娩率90％を見込む）、育成ジカ90頭、雌シカ90頭、雄ジカ5～6頭程度とする。

5 販売戦略策定にあたってのポイント

・シカの全身を販売対象にして商品開発を行う。（表3）
・シカ肉やシカ産物の生産高としては1頭あたり4万円以上を目指す。
・シカ肉は低品質の部位を含めて全肉を販売にまわす。
・とくにバラ肉やスネ肉、ネック肉などのくず肉については、付加価値を付けた加工製品を開発し、販売ルートを確立する。シカ肉は産地中心の販売を基本とし、地元向けの特産品作りから着手する。

・幼角は原料販売とともに、有効成分の利用を図る開拓分野に向けた販売を確立する。
・皮原料は革の加工まで手掛けて、オリジナル商品を販売する。
・内臓や骨などは、異企業との提携やタイアップにより、質と量を保証し、安定供給できる体制を整備・確立する。

第4章

飼養管理の実際

本章ではシカの飼養管理の実際に役立てるべく、家畜飼養学や家畜繁殖学、獣医学の視点から、シカ飼育の「原則とポイント」について簡潔に述べる。記述にあたっては筆者らが関わって平成3（1991）年度に限定出版した養鹿指導書『シカの飼養管理マニュアル』と『養鹿事業の手引き　飼養管理編』の2冊に盛り込んだ内容をわかりやすく引用しながら、新たに養鹿に取り組もうとする方々にとって、入門の手助けとなるように配慮した。言ってみれば、これら2冊の専門書の普及版ともいえる内容になっている。

1 飼養管理の原則とポイント

1 飼養管理の原則

食性の幅の広さを活かし、未利用地の活用を

シカは草食性であるが、繊維質の少ない若い草類やササ、灌木、樹葉など食性の幅が広いのが特徴である。したがって、休耕田や荒廃地を再利用したり、水田畦畔の草を利用したり、さらに里山や林間放牧など地域で未利用の土地を最大限に活用したりするのが望ましい。

シカの飼養管理の仕方は、シカの性別や年齢および季節によって異なる。それを踏まえた上で、以下の点に注意したい。

飼養管理の基本原則

・合理的に群れを分けて管理する

シカはほとんど半野生の状態にいるので、生活の習性でも生理的機能でも多少野生動物の特性が残っていることから、これを踏まえた適切な飼育管理をしなければならない。

・衛生状態と病気の治療・予防によく気をつける

野生状態にあるシカは病気への抵抗性が非常に強いが、飼養される状態になると環境が変化するため病気にかかりやすくなる。

・衛生や防疫上の義務事項を厳守する

たとえば玄関に消毒槽を設置するなど、牧場内での衛生や防疫上の義務事項を必ず厳しく守らなければならない。

・静かな環境をつくる

シカは神経質である。いつも耳を立て、ちょっとした騒ぎがあっても、すぐ驚きあわててあちこちへ逃げ回る。そのため、物にぶつかりやすいことに気を付けるべきである。

・つねにシカの群れの様子を観察する

群れの基本状況や群内のすべてのシカの様子をよく知っておく。そのため、このあと次頁**3**で述べるポイントにしたがって常時観察を続ける必要がある。

以上のような正しい飼養管理を行うと、シカの健康維持に役立つだけでなく、幼ジカの成長や発育を促し、雄ジカの鹿茸生産や雌ジカの繁殖能力の向上にもつながる。こうした飼養管理とともに、現在のシカの形質の改良、および不良遺伝子を排除して品種改良を行っていくことも重要となる。

2 群れ分けのポイント

雄と雌の鹿舎を離し、雄は年齢と健康で区分

性別や年齢、健康状態によって群れを分ける。性別で分ける際、雄鹿舎が風上に、雌鹿舎が風下になるよう配置し、できるだけ雌鹿舎と雄鹿舎との距離を離す。これは、繁殖季節を迎えて雌ジカに発情徴候が出始めると、雄ジカ同士で闘争し、脚や蹄でお互いに傷付けあい、死に至ることもあるからである。雄ジカは年齢と健康状態によって分け、さらに小群に分ける。群れの数は多すぎないように注意する。基本的に30～60㎡の鹿舎の場合、雄は15頭、雌は20頭を一群とする。毎日群れに与える餌の量をチェックして、合理的に飼養管理を行い、群れ全体の健康状況を最高潮に保ち、雄ジカの鹿茸の生産を最大限に上げさせる必要がある。

3 群れ観察のポイント

疾病の予防対策が重要

わが国における養鹿は歴史が浅く、飼養管理や衛生管理が十分に確立されていない。そのため、疾病の発生やほかの家畜への悪影響が懸念される。また、疾病発生はシカの栄養状態や飼育環境に大きく左右される。そのため、疾病の予防対策が重要となる。牧場を初めて設置する際は、事前に駆虫薬の投与や衛生検査を励行することが肝要である。

鹿肉とシカ産物を商品化する場合でも、その第一条件は「健康なシカからの産物であること」。また、シカ肉の処理・シカ産物の加工などにあたっても自主管理を徹底することが欠かせない。規律ある管理と科学的対応によって、優れたシカ肉商品の開発が望まれるからである。

以上の点を踏まえて、常時シカの群れの様子を観察する際のポイントについて以下に記す。

群れを観察する際のポイント

・精神状態

健康なシカは行動が活発で、光輝ある眼、精力が旺盛でじっとしていない。もし元気がなく、長い間ぼんやりと立ったままで両脚がぴったりと寄っていたり、いつも伏していて立たないなどの状況が現れたりしたら、ほとんどの場合病気にかかっているので、獣医師に診断、治療をしてもらう必要がある。

・食欲や反すうの状況

健康なシカは食欲旺盛で食べるスピードが早く、反すうも正常に行われる。一方、病気になるシカは食欲がなく、食べる量が少ないか、あるいは食べることをしない。

・鼻鏡の乾湿状態

健康シカの鼻鏡の上には、いつも水滴が止まっているから、もし鼻鏡が乾燥した状態になっていたら、病気の現れと見てよい。

・体温の安定度

シカは体温が比較的安定している。平常体温は37・5～38・5℃で、最高でも39℃である。子ジカの体温は成ジカよりやや高い。病気になるとシカの体温はおおむね上がる。

・糞の形状や臭い

健康なシカの糞は乾いていて、地面に落ちるとバラバラになる。糞は楕円形の球体で褐色または黄褐色である。もし、糞が色薄く、内に粘膜と血が混ざって腐臭がするようなら異常糞と見てよく、さらに観察する必要がある。

４ 給餌のポイント

何でも食べるシカは給餌しやすい

シカは草食性で、繊維質の少ない草類や樹木、樹葉、野菜、ササ、花、果実、野菜のクズ、家畜の飼料用の乾草、配合飼料、ペレットなど何でも食べる。自然界ではニホンジカは草、木の実、果実、樹皮、コケなど1千種類以上の餌を食べているので、食性の幅は極めて広い（ニホンジカの特徴と対策・京都府農林水産技術センター、平成22年３月）。給餌の点からすると、一般的には飼育しやすい動物といえる。

給与時間・順番および回数は一定に

シカは感覚器官がよく発達しているので、外界の環境や飼育条件の変化には敏感である。したがって、給与時間や順番、回数などの飼育条件は一定にした方が採食量や消化率が高まる。給与順番は一般に濃厚飼料を先に与え、次に水を与え、さらに粗飼料を飼槽に入れてやる。給与回数は１日３回。放牧するシカ群の場合は放牧後に濃厚飼料を与える。ただし、日没後ずっとライトをつけたままにすることは、できるだけ避ける。

季節によって給餌量の増減を

ニホンジカの場合は、１日乾草を３kg程度与え、必要に応じて増減する。秋や冬になると、シカの食欲は落ちて、成熟したシカの体重は減少する。冬を通して雄ジカが生活するためには、ほかの季節よりも１・５倍のエネルギーが必要となる。したがって、シカをよい健康状態で冬を過ごさせようとするならば、風雪などにさらされる牧野では当然増飼いが必要となる。

寄生虫に苦しめられているシカは、夏の間脂肪の付着が十分でなく、体力の消耗が大きいため、冬から早春の数カ月の間に死亡したりすることがある。また、授乳期は最も多くの栄養を要求するため、栄養価の高い餌の追加を行う必要がある。そのような追加給餌は子ジカの成長を促し、雌ジカが次の年に早く妊娠し、出産することを確実にする。

冬場は乾草やサイレージなどを補う

夏の間、シカは牧野の生草で十分成長できる。しかし、冬においてはほとんどの牧場では牧草を補ってやる必要がある。多くの場合、草地は利用できないので、乾草やサイレージに頼るしかない。放牧期間を延長させるために、キャベツ類や根菜類を与えるとよい。とくに根菜類は日常の餌を改善するのに適する。しかし、子ジカの場合、丸のままで食べるのを嫌がるので、カブなどはちょうどよい大きさに切ってやる必要がある。

ジャガイモはリンゴと同様によく利用される

冬を通して餌を給与する時は、十分な大きさの餌桶とまぐさ棚を用意することが極めて重要である。もし、地面がきれいで適度に乾いていれば、乾草とサイレージは地面にまいてもよい。集約的に飼育されている牧場では、翌春、牧草を生育させるために一部の草地を放牧せずに空けておく必要があり、冬の間に草地が踏みにじられるのは大問題となる。荒地や避難所もみつけられるような森林地帯などの領域もあわせてあるとよいだろう。

表4　飼料中のタンパク質含有割合による幼角の変化

飼料区分	幼角の太さ（mm）	幼角の長さ（cm）
16%のタンパク質含有（A）	17.8〜22.9	33〜38.1
4.5〜9.5%のタンパク質含有（B）	10.2	25
A/B（%）	174〜225%	132〜152%

表5　カルシウムとリンの１日平均給与必要量

区分	１日平均給与必要量（g）	備考
カルシウム	10〜15	飼料中のカルシウム含有量は乾燥重量の5%必要である
リン	5〜10	

季節ごとに給与量を変え、無機質欠乏に注意する

栄養の要求量や消化機能は明らかに季節によって変動するため、餌の給与量は季節ごとに増減が必要となる。特に雄ジカが鹿茸を生産する時期と雌ジカが妊娠している期間は、その増減が顕著となる。また、タンパク質などの栄養素や微量ミネラルの欠乏にも注意が必要であり、以下のようにそれらの必要量をしっかりと給餌することが大切である。

離乳から1・5歳の間の子ジカには高タンパクの飼料を与えると、幼角の成長やその産量が高くなる。（表4）

また、鹿茸生産期の雄ジカでは、カルシウムやリンなどの微量ミネラルを必ず添加して給餌することが欠かせない。もしこれらが欠乏した場合には、幼角の生産量が減ったり、病弱になったりしやすい。カルシウムとリンの標準給与日量は表5のとおりである。

飼料を変換する場合は徐々に行う

シカの飼料に対する食性には一種の習慣がある。第一胃内の微生物は生活環境に対して選択性と即応性を持っている。しかし、飼料を急変させるとシカの採食性と消化率は低下するが、しばらくすると第一胃内の微生物は元のように生長し、繁殖してくる。したがって、飼料を変換する場合は徐々に行う必要がある。

5 放牧と調教の必要性

栄養を充たし、体力を強健にする放牧

シカは幼ジカでも成ジカでも、調教すれば家畜と同じように人に馴れてくるので、人工放牧が可能である。放牧は主に春から夏か秋にかけて行うほか、冬に運動させる目的で放牧を行う場合もある。夏の放牧は主に飼料を補充する意味で行う。飼育されているシカは半野生の状態にあり、臆病で慌てもののため人が接近しにくく、調教馴化を通じてシカ群の野生習性を変え、徐々に家畜的な飼育に馴らしていくことが重要である。

シカ群を自然状況下で放牧すると、各種の野生飼料を自由に採食する。シカの栄養を充たし、体力が強健となる夏の放牧は青緑飼料の採食量を増やすことにつながる。運動量の増加によって血液循環が促進され、食欲の増進や病気に対する抵抗力も高まり、正常に発育する。その結果生産性も向上する。ほとんどの場合病気にかかっているので、獣医師に診断してもらい、必要に応じて治療をしてもらう必要がある。

放牧にあたっての注意点

放牧にあたっては以下の点に配慮したい。

・飼育場内に導入した日のシカは、一晩中、金網にそって牧場内を幾回も繰り返し巡回するが、逃走できるところを探していると思われる。

・シカ同士の闘争は冬場に多い。闘争のときに強いシカは弱いシカを15～20m以上追いかけることはない。1ha当たりシカ2～4頭が適正飼育頭数と考えられる。この数値はシカ牧場を設置する際に必要最小限の面積を算出するための基本となる。

・シカは非常に警戒心が強く、不測の事態に対応するために常に気配りする行動をとっていることを知り、それを察知するように心掛けなければならない。

2 雄ジカの飼養管理

雄ジカの飼養管理は、鹿茸成長期、交配期、体力回復期および鹿茸成長準備期という4つの時期に分けられる。

1 鹿茸成長期

鹿茸成長に必要な栄養を補給する

3月末から8月末頃までが鹿茸の成長期である。この時期の雄ジカの生理的特徴としては、性欲が消失し、精巣が萎縮する。また、食欲は旺盛で代謝も活発となり、体重は増加する。鹿茸の成長も早く、多量の栄養物質、とくにタンパク質やビタミン、ミネラルを必要とする。鹿茸の成長に必要な栄養を補給するには、多量の濃厚飼料と青刈飼料を与え、餌の品質を向上させ、鹿茸の成長に合わせる必要がある。そのためには、濃厚飼料中に大豆の粉餌を増やすか、マメ科の種子の比率を高める。マメ科の青刈牧草や良質なサイレージ、やわらかい緑の木（ナラ、クヌギなど）の葉、青刈飼料を与える。さらに、食用の大豆の粉をねり餌にして与えてもよい。もちろん、多くの飲み水とミネラルも補給する。（表６）

2 交配期

濃厚飼料を重点的に与えて性欲を高める

シカの交配期は９月上旬から11月下旬である。この時の雄ジカの生理の特徴としては、性欲が強烈となり、消化機能は混乱する。そのため食欲は極度に落ち、向かい合って激しく頭突きをし合い、体力の消耗が極大化する。餌を与えるときには嗜好性の高い濃厚飼料を重点的に与えて性欲を高め、タンパク質の生物価を高める。そのために、青割り大豆やニンジン、大麦芽、青々とした野菜やクヌギなどのやわらかい葉といった多汁で良質な青刈飼料を与えることが必要である。また、闘争を少なくさせ、負傷による死をなくさせるため、良質な越冬作物やサイ

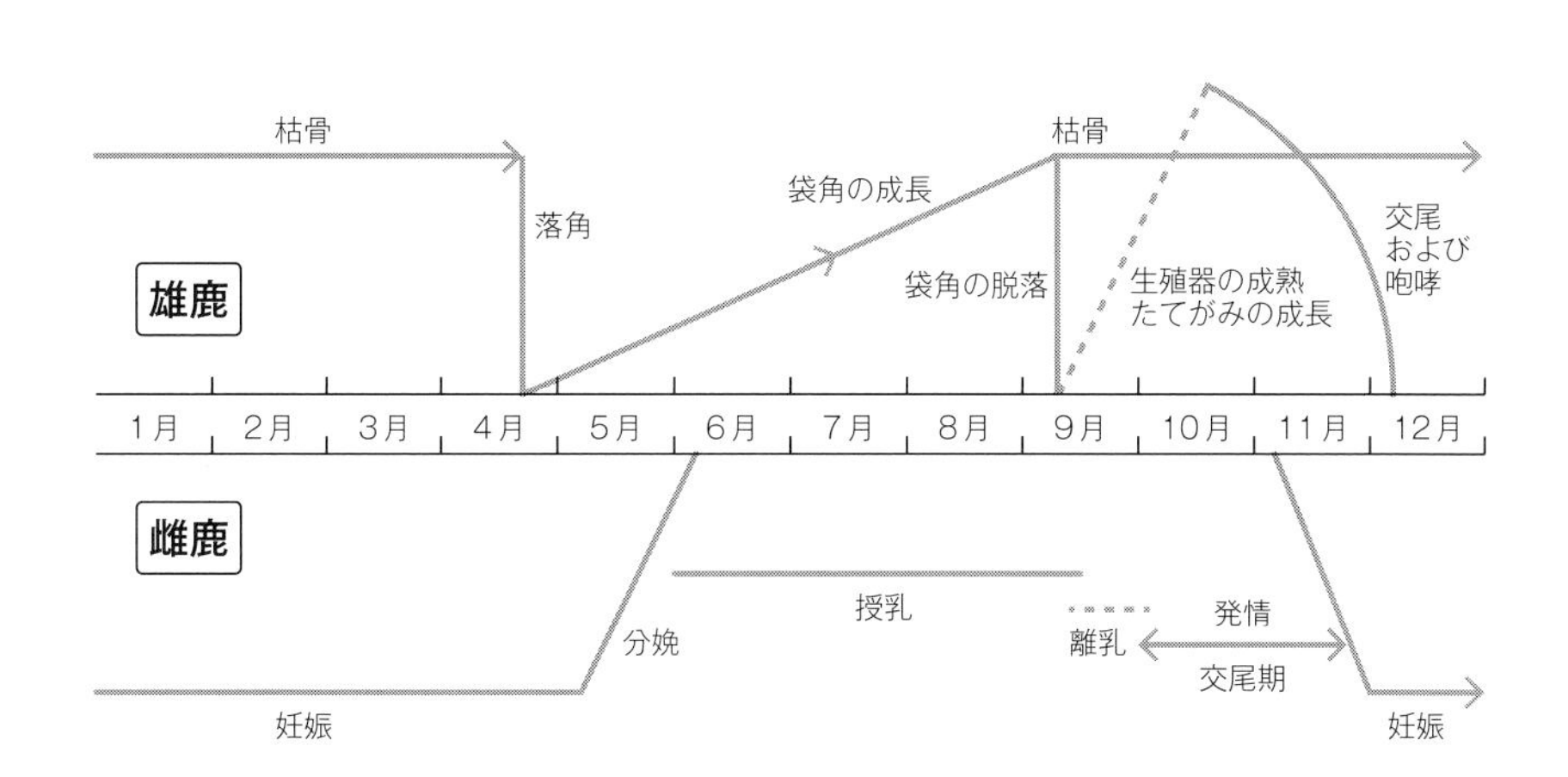

図３　鹿の繁殖と鹿角の季節変化

レージを準備する。うまく目的を達成すると、交配時期前のシカを落ち着かせることができる。また濃厚飼料や粗飼料の質や量を減らしたり、濃厚飼料の投与をやめたりすることもできるので、多量で良質な乾燥粗飼料や青緑飼料を必要とする。

鹿茸生産群においては、濃厚飼料を減らしたり、適時濃厚飼料を与えたりするのを中止する。こうすると雄ジカの繁殖時期を迎えても、性欲は比較的低く抑えることができる。したがって、雄同士の闘争が減少し、負傷による死がなくなる。交配期後、雄ジカは食欲を回復し、急速に体重を増やして安全に越冬できるように準備を行う。（表7）

3 越冬期（体力回復期および鹿茸成長準備期）

粗飼料を主体にして消化器官を鍛錬する

越冬期は交配期の体力を回復し、鹿茸成長の前段階（準備期）の12月上旬から3月中旬にかけての時期である。冬期間は熱消耗が大きく、鹿茸生産のために栄養を貯える必要がある。そのため、餌の容量を次第に増やし、エネルギー源となる飼料を多くする。つまり、粗飼料を主体に濃厚飼料で補充し、消化器官を鍛錬する。採食量を上げ、第一胃の容量を大きくさせる。と同時に、一定量のタンパク質を与えることが必要である。それにより必要な第一胃内の微生物が成長、繁殖する。

交配期からの回復段階においては、禾本科の種実飼料を次第に増やし、寒さに対する抵抗力を高めてやる。鹿茸が生える前期にかけて豆の粉とマメ科の種実を次第に増やし、換毛や鹿茸生産のための栄養源とする。越冬期は、老齢と病弱の雄ジカは群れより離して単独飼育を行い、飼養管理をしっかり行う。越冬期は飼育舎内を清潔に保ち、積雪と凍った尿を取り除くことも大切である。（表8）

表6　種雄ジカの鹿茸成長期の給与飼料（日量）

濃厚飼料	多汁飼料	青刈飼料	石粉または骨粉	食塩
2.0～3.0kg	2.0～3.0kg	3.0～4.0kg	30g	25g

表7　交配期の雄ジカの給与飼料（日量）

区分	濃厚飼料	多汁飼料	青刈飼料	石粉または骨粉	食塩
交配用	1.0～1.5kg	1.0～1.5kg	2.0～3.0kg	20g	25g
非交配用	0.8～1.0kg	1.0～1.5kg	3.0～4.0kg	20g	25g

表8　雄ジカ回復期および鹿茸成長準備期の給与飼料（日量）

濃厚飼料	多汁飼料	青刈飼料	石粉または骨粉	食塩
1.2～1.5kg	1.0～1.5kg	2.0～3.0kg	25g	25g

3　雌ジカの飼養管理

雌ジカの飼養管理は交配期、妊娠期、哺乳期に分けられる。

1 交配期

良質なタンパク質と豊富なビタミンで発情促進

9月上旬に離乳させ、母ジカの哺乳を停止させる。交配期前は体力の回復期である。9月中旬から11月下旬にかけて発情期となる。離乳後の雌ジカは一定量のタンパク質と豊富なビタミンの供給を必要とする。一定量の豆の粉や多量の青割大豆、青刈飼料、サイレージおよびニンジンなどを与え、雌ジカの早期発情を促し、受胎率を高める。

離乳後、交配期前に雌ジカ群の整理をまず行う必要がある。子育てをしないものや悪癖を有するもの、高齢のため産まれてくる仔が弱くて小さいもの、重い疾病にかかったもの、不妊症など産科系の病気にかかっているものなどは飼養するのに適さないので整理する。あわせて、血縁関係や年齢、健康状態などの品質管理も行って、繁殖の中核となる新しい群れとして、種雄ジカ1頭に対して雌ジカ25～30頭の群れを編成する。

特に交配期においては、種雄ジカの交換時にしっかり監視を行い、種雄ジカが他の種雄ジカの頭を突いたりしないように気を付ける。（表9）

2 妊娠期

胎児成長のために栄養価の高い飼料を

雌ジカの妊娠期間は約7カ月半から8カ月である。胎児の成長を満足に行うには、母ジカが必要とする栄養成分を完全に供給してやる必要がある。そのため、栄養価の高い飼料として、良質のタンパク質や豊富なビタミン、過不足のないミネラルを一定量与えると同時に、相当量の炭水化物が欠かせない。したがって、妊娠初期においては、多量の青刈飼料や根茎類の飼料、乾燥粗飼料、適量のミネラルを与えることによって、胎児が正常に成長、発育できる。妊娠後期、胎児の体積は増大して母ジカの消化器官を圧迫するので、母ジカの消化機能が弱まる。この時期にはかさが少なく、良質で嗜好性の高い飼料を与える必要がある。（表10）

3 哺乳期

子ジカの成長発育のため栄養豊富な飼料を

雌ジカは5月上旬から分娩を開始する。9月上旬に一斉に離乳するまで、平均約4カ月間哺乳する。分娩後、妊娠中に弱っていた母ジカの消化機能を最大限に回復させ、泌乳量や乳汁の品質を高めさせる。子ジカを迅速に成長、発育させるためにも栄養豊富な飼料は欠かせない。まず母ジカにそうした飼料を通じて過不足のないタンパク質やビタミン、ミネラルを与える。同時に嗜好性の高い飼料も与えて、採食量ならびに消化率を上げさせることも必要である。（表11）

表９　交配期の雌ジカの給与飼料（日量）

濃厚飼料	多汁飼料	青刈飼料	石粉または骨粉	食塩
1.1～1.2kg	1.0kg	2.0kg	20g	20g

表10　妊娠期雌ジカの給与飼料（日量）

濃厚飼料	多汁飼料	青刈飼料	石粉または骨粉	食塩
1.0～1.5kg	1.0kg	1.2～2.0kg	20g	20g

表11　哺乳期の雌鹿の給与飼料（日量）

濃厚飼料	多汁飼料	青刈飼料	石粉または骨粉	食塩
1.2～1.5kg	1.5～2.0kg	3.0～4.0kg	25g	25g

子ジカには約4ヶ月間哺乳する

4 幼ジカの飼養管理

大きく育てるために給餌が肝心

幼ジカとは、哺乳期の子ジカ、離乳期の子ジカおよび育成期の子ジカを指す。幼ジカの成長発育は早い。したがって、この時期の給餌については十分注意を払う必要がある。シカの体形を大きく育て、肉の生産量を高め、早くから粗飼料に耐えうる体をつくり、病気に対して抵抗性の高いシカ群を育てる必要がある。そのため、幼ジカの飼養管理は養鹿生産の中で最も重要である。

1 幼ジカの成長発育

2年かけて体重・体長や生理機能が発達

子ジカが完全に成長・発育して成熟するまでに2年を要する。比較的長時間かかって体重や体長および各種の生理機能が発達する。成長発育の速度については各部位で同じではない。子ジカの成長前期は体重の増加率が高く、日齢とともに体重の増加率は次第に低下していく。性差による成長の差は、各部位の測定にも現れる。雄の子ジカの方が雌の子ジカよりも体重の増加が大きく、体や四肢の増長も大きい。成長初期にとりわけ骨格の発育がすすみ、のちに筋肉の発育がすすむ。消化器官も各部位が順に発達する。哺乳期には第4胃が大きくなり、次第に第1胃が大きく発達してくる。

2 初生子ジカの管理

子ジカに初乳を飲ませることがカギ

初生子ジカの管理の善し悪しは、直接子ジカの育成に影響を及ぼす。初生子ジカの管理のカギは、子ジカに初乳を飲ませることである。初生子ジカは母ジカの悪癖で負傷したりしないよう注意を払い、安静に休息できる場所を与える。分娩直後の子ジカは、母ジカによって全身の体表の多量の粘液をなめてもらって毛が乾かされる。この行動によって、子ジカの血液循環は促進され、子ジカの体温調整が行われる。

しかし、初産の母ジカや母性本能の強くない母ジカは、長時間子ジカをなめて乾かすことをしない。そのような場合には、早春で比較的気温が低いため、飼育者が拭いて乾かしてやる必要がある。

子ジカは出産後10分で起き上がろうと試み、母親の乳を探し求める。ふつう、30分前後で起立し、初乳を飲むことができる。子ジカが起立する前に、母ジカが横になって子ジカに初乳を飲ませることもある。子ジカのほとんどが初乳を飲む。しかし、母性本能の強くない母ジカや初産の母ジカで子ジカを恐れたりする場合、また難産だったり、初乳時に恐怖を受けたりして子ジカが母ジカに近づけないような場合は、長時間子ジカを放置せずに捕え、母性本能が強くて乳量の多い、別の母ジカに養育させるようにする。

人工哺乳は定量、定温、決まった回数で

こうした代理になる母ジカがいない場合や子ジカが軟弱で起立不能の場合は、人間が牛や羊の初乳を利用して人工哺乳を行う。人工哺乳を成功させるカギは、定量、定温、決まった回数で哺乳することであるが、最も重要なのは厳重に消毒を行うことである。哺乳時に大切なのは辛抱強く行うことで、けっして急いでせかせかしたり、強制的に飲ませたりしないことである。哺乳の際は子ジカを撫でてよくなつかせる。乳を与えた後ですぐに子ジカの肛門を軽くこすり、排便の刺激を与えてやることが重要である。

攻撃的になる母ジカの看視が必要

子ジカは起立後、常に母ジカの後を追って行く。まだ足が弱く、よろめきながら走る。母ジカはこの時、自衛本能によって

攻撃的になるので、子ジカを咬んだりする。負傷して死亡することもあるので、この時期はシカの看視が必要となる。負傷した場合は子ジカや母ジカは群れから抜き出し、単飼または哺乳群として別々に飼育する。

3 哺乳子ジカの管理

体力貧弱な数日間は安静な環境に

哺乳期の子ジカは母乳が主要な栄養素となる。したがって、子ジカの発育成長は母ジカの泌乳量と乳汁の質によって左右される。そのため、哺乳子ジカの飼養管理基準をしっかり取り決めておく必要がある。子ジカは出産後の数日間は体力が貧弱であるため、伏してほとんど寝ているため、安静な環境が必要である。子ジカを保護する囲いや棚を設置して、子ジカの小さな寝場所の床に乾草を敷いてやる。そうすることで子ジカは自分で暖をとることができ、そこが安全な休息場所となる。また、子ジカの白痢（はくり）の防止になり、さらに母ジカが子ジカの肛門をなめようとして激しくぶつかったり、足で踏みにじんで負傷させたりするのを防止するのにも役立つ。

生後10日あまりで採食を開始

子ジカは生後10日あまりで飼料の採食を開始すると同時に、反すうも始める。しかし、哺乳子ジカの消化機能は非常に弱い。また、病気に対する抵抗力も低いので、飼料採食を開始した時期は胃腸疾病にかかりやすい。特に餌に汚い不潔な物が混入すると簡単に疾病にかかってしまう。このため、常に飼育小屋の中を清潔にし、定期的に濡れた草を取り換える必要がある。さらに専用の飼槽を設け、餌を入れるようにすべきである。常に少量の濃厚飼料とともに良質な青緑飼料を定刻に与える。子ジカは栄養素が十分満たされると成長発育もよくなる。また、消化器官も鍛錬されて消化機能も高まり、離乳後の成長の基礎がつくられることになる。（表12）

表12　子ジカの人工哺乳標準回数および哺乳量（日量）

生後1～5日	6～10日	11～20日	21～30日	31～40日	41～60日	61～75日
8回／1日	7回	6回	5回	4回	4回	3回
500～1000ml	800～1,100ml	1,200ml	1,200ml	1,200ml	900ml	800～500ml

4 離乳ジカの管理

離乳後数日間は少量で回数を多く給餌

９月上旬、一斉に強制離乳をさせ、子ジカ群を形成する。子ジカは離乳後、その生活環境と飼育条件が明らかに大きく変化する。離乳と同時に子ジカ群は不安で恐る恐る行動し、母ジカを思って鳴き叫び、飲食もしなくなる。このような状況下では、経験豊富で責任感の強い飼育者を配置し、辛抱強く、平常の状態で子ジカ群に接近するように心がける。飼料を与える際に、常に呼びかけを励行し、人と子ジカが親しみ合えるようにする。離乳後数日間は、消化しやすいように飼料を少量ずつ、回数を多く与える。少量の濃厚飼料に栄養豊富な青緑飼料や多汁飼料、青割り大豆、やわらかい青緑の木の枝、ニンジンなどの野菜と同時に、少量の豆汁を午前と午後に１回ずつ与える。

次第に給与回数を減らし、量を増やす

子ジカは日齢とともに体が大きくなり、消化機能も次第に高まってくる。そのため、豊富なタンパク質やビタミン、ミネラルを与え、子ジカの各種の器官の組織や骨格の成長発育を促す。子ジカの日齢とともに体が大きくなるにしたがって次第に餌を与える回数を減らし、その代り給与量を増やし、青緑飼料の代わりに乾草の粗飼料を与え、適宜豆汁の給与は中止する。12月ごろまでに毎日３回の濃厚飼料、４回の粗飼料（うち夜間１回）を与える。濃厚飼料については過不足なく与え、12月ごろには日量650～750ｇとする。

シカ群が落ち着いて正常に採食するようになったら、寝床にいる子ジカの前で餌をつまんで見せながら誘引する。この方法は馴化を進めていく上で常に重要である。この毎回の馴化の時間は長過ぎないようにする。子ジカの正常な休息と反すうに影響しないように午前と午後に各20分間、馴化を行うとよい。

5 育成ジカの管理

多くの飼料と運動で大きく育てる

幼ジカを育成ジカに育て上げる期間は通常生後２年間である。雄ジカおよび雌ジカの離乳後の育成期間は約１年間で、雄ジカ

は雌ジカに比べて育成期間が長くなる。発育良好な雄ジカは満1歳で交配することが可能となる。この期間は成長・発育が旺盛な段階でもあり、体の大きさや体重、消化器官などの成長・発育速度は非常に早い。

体を大きく育て、生産性を高め、粗飼料に耐え、早熟でかつ利用年限の長いシカ群を作るためにも、育成ジカの飼養管理をしっかりと行う必要がある。そのため、豊富なタンパク質やビタミン、ミネラルを与え、同時に過不足のない良質な粗飼料も与えて、体の各器官の組織を正常に発育させる。特に消化器官を十分に発育させることが大切となる。そのために多量の栄養源となる飼料を採食させて、生産性を高め、生産の利用年限を延ばすための基礎を作り出すように努める。

また、育成ジカは多くの運動量を必要とする。この運動が成長・発育を促進する。そのため、シカの収容頭数が過多にならないよう注意する。1頭当り7～8㎡の運動面積が望ましい。

5 シカの繁殖生理

1 繁殖生理のサイクル

雄雌が同じ群れを作るのは繁殖期のみ

シカは季節繁殖性の動物で、この繁殖季節には雄ジカ同士の角の突き合いなどの事故も多い。養鹿を行うには、種ジカの選抜や雌の生殖生理、交配、分娩、哺乳などを含めたシカの繁殖期の管理方法などについて正しく知っておく必要がある。

シカは繁殖期にあたる約3カ月間はハーレムを作って雄、雌は行動を共にする。しかし、それ以外の期間は別々の群れを作って行動する。雌は母親と娘の血縁関係を主体としたグループを作ったり、母親と子で構成される母子グループを作ったりして生活する。したがって、シカは基本的には女系家族を形成する動物で、雄の子ジカは1歳くらいまでは母子グループで生活するものの、その後は独立して雄グループに入る。

養鹿の経験では、交配、分娩、離乳など繁殖生理サイクルは次のようになっている。

年間の繁殖生理のサイクルと飼養管理

〔9～11月〕交配

子ジカを早期に離乳して、雄ジカを30～40頭ずつ群分けする。15カ月の雄ジカは別群とする。雄ジカの各群に雌ジカを入れる（なお、非交配の雄ジカは、交配した雄ジカから離れた所の1群に入れる）。雄ジカが鳴くか、鳴かないかは交配能力の有無を判断する基準にはならない。雄ジカが雌ジカを追い回したり、臭いをかいだり、ディスプレイをしたりするもの以外は種ジカとして不適確であり、交配させない方がよい。

〔12～1月〕

雄ジカは前年切り取った角跡の角盤が落ちて65日後に、鹿茸（幼角）を切り始める。雄ジカ同士の群れは6頭ずつがよい。

〔4月初め〕

雄ジカ全部の中から角の伸び具合を見て群れを小さく分ける。

〔4～5月〕

雄ジカを追い出し、この時期に子ジカを全部別の群れに分ける。

〔5月〕分娩

雌ジカを分娩用の群れに分ける。分娩前の最後の数週間は雌ジカを太らせてはならない。難産防止のため、高タンパク飼料の多給与により、シカの骨盤、膣と腹の間、膣に脂肪が付かないようにする。子宮の収縮力の緩弱化を予防する。また、シカは尿道が細い毛細管であることから、結石になりやすい。群れの中で難産が多い時は、雄ジカの状態もひとつの原因に考えられるので、そのような雄ジカは交配に用いない。

〔8～9月〕離乳

早期離乳が有利である。その利点としては以下の点が挙げられる。

・子ジカがおとなしくなる傾向にある。
・子ジカに飼料によってよい栄養が与えられるため、体重の増加率がよい。
・母ジカの体力回復が早く、受胎率もよくなる。

早期離乳は初めての経験者は行わず、シカの管理技術をしっかり習得した翌年から行うようにして、成功率を高めた方がよい。子ジカにはミネラル（Ca、P）やビタミンA・Dを給与する。

2 雄ジカの繁殖生理

雄の性行動は季節とともに変化

シカは季節繁殖動物である。シカの性行動は外部環境、とくに日照時間が刺激要因となって引き起こされる。雄ジカの性行動は季節とともに変化する。4月中旬より角が脱落する。この時期の雄ジカは穏やかで性欲がまったくなく、集団を作っている。飼養条件が良好な場合、角の脱落が早い。落角と同時に袋角が発達し、7月中旬頃より枝分かれし、9月頃骨質の枯角となる。袋が落ちる時は、新しい角から花づなのようにぶら下がる。角を木でこすって、袋角を取り、枝角を磨きあげる。

袋角への血液の供給が止まるまで雄ジカは短い夏毛で首の部分の毛もまだ短い。その後、粗剛なたてがみが生え、9月末の繁殖を迎える時期までには完全に成長する。雄ジカは繁殖季節を迎える1~2週間前まで群れをなしているが、繁殖を迎えると群れを離れ、単独行動をとり、さまざまな行動をする。その頃になると、雄ジカは好んで早朝と夕方の1日1~2回泥浴びをする。泥浴びをすると、たてがみは黒褐色の毛の房に変色する。泥浴びは交尾期を通じて続けられる。

8月中旬から9月初め、雄ジカの走行は並足であるが、交尾期が近付くと早足に変わる。高く跳ねたり、足を蹴り上げたりせずに足を小さく曲げ、走幅は比較的狭く、無駄の少ない早足となる。また、この時期になると眼下腺や中足腺、脂腺は活発になって臭いのする液を出し、草や木になすりつける行動をする。一種のフェロモンで、異性を誘引したり、なわばりを主張したりする行動と思われる。交尾期になると精巣重量は増大する。

交尾期になると雌の群れの仲間になる

シカは家族を単位にした母主制である。雌ジカは1年のほとんどは別々の群れに分かれ、各群れはそれぞれのテリトリーの境界を尊重している。交尾期を迎えると雄ジカは雌ジカのテリトリー内に入り、群れの仲間となる。袋角の成長期間中、雄ジカは袋角を傷害から守ろうと極めて用心深く慎重に行動する。まれにケンカをする時は、雌ジカのように後肢で立ち上がり、前肢で打ち合って戦うが、袋角から枯角になると、雄ジカはゆっくり頭をさげて、相手に向かって角を突きつけてくる。

角磨きや泥浴びを行い、性欲が出現

一般に雄ジカの性成熟は生後18カ月齢である。ニホンジカの繁殖季節は９月上旬から11月下旬にかけての約80日間に集中する。雄ジカは交尾期になると角磨きや泥浴びを行い、性欲が出現する。雄ジカは「ブウォッ」とか「ヒャラララ」とか「カイヨー、ピィー」と咆哮しながら、雌ジカを探す。一方、雌ジカは「ピィー」と小鳥のような鳴き方をする。雄ジカは日増しに、陰茎が突出し、雄ジカ同士の角突き合いが始まる。突き合いは、単に突くだけでなく、立ち上がって前肢で蹴り、相手を前足で押さえ込む。押さえ込まれた方は逃避する。

雄ジカは交尾期に入ると採食しなくなる。そのため体重は袋角期に比べて15～20％前後減じる。雄ジカの交尾活動は早朝と夕方頻繁に行われる。交尾は９月下旬が最も多い。この時期に雌ジカの発情も集中する。

交尾活動の様子

雄ジカは発情した雌ジカの尿の臭いに敏感に反応し、尿をなめたりして、上唇を反転させるフレーメンを行う。発情した雌ジカを追い、雌ジカに寄り添い、鼻の前に立って、しばらく止まり、舌で雌ジカをなめたり、雌ジカの陰部に鼻を押しつけにおいをかぎまわったりする。雄ジカの腰部を角で突くようにしたり、前脚で蹴ったりしながら求愛行動を行う。やがて雄ジカは前脚を上げ、雌ジカの腰上をつかまえて、マウンティングをする。同時に陰部が勃起して突出する。雄ジカは腹部を収縮させて雌ジカの陰部に陰茎を挿入する。そして５～10回ほど陰茎を動かし、５秒前後で突然前方につんのめって射精を行う。毎日２～３回交尾する。

3 雌ジカの繁殖生理

生後16カ月以降で初回発情を迎える

雌ジカは成熟すると繁殖季節が始まる前後に初回発情を迎える。普通の飼養管理下では生後16カ月以降である。シカの寿命は24～25年で、10～13歳までは妊娠分娩が可能である。飼養管理が悪く、栄養不良になると繁殖能力はなくなり、妊娠しなくなってしまう。

一般的に雌ジカは生後16カ月以降で交配に供する。その時の

雌ジカの体重は成熟雌ジカの約70％以上に達している。２歳以上でも、体がやせて弱っているものは交配させない。雌ジカの初産の子ジカと経産の子ジカの大きさは、初産の方が経産よりも４％ほど小さい。しかし、生後の飼養管理に注意すれば何ら大差なく育てることができる。

雌ジカの発情周期

シカは季節繁殖性で多発情の動物である。毎年９〜11月に発情期を迎え、発情季節になると周期性の発情周期を繰り返す。雌ジカの発情周期は10〜20日で、平均12・51日である。

雌ジカの発情表現

発情が始まると、雌ジカは精神不安定になり、尾を振りながらぶらぶらと走る。外陰部が赤く腫脹し、時には透明な粘液を流出する。雌ジカは「ピィー」と小鳥のような鳴き方をし、雄ジカはその鳴き声を聞くと、すぐその後部に駆け寄る。採食も落ち着かない。

発情後期に至ると、雄ジカが雌ジカの外陰部をなめても、じっとしている。雌ジカは発情時になると、たいていは多くの雄ジカが近寄ってくるが、雌ジカが雄ジカに近寄っていく場合もある。雌ジカが発情し、雄ジカが近寄っても逃げずに静止する。雄ジカの乗駕交尾する時間は短い。雌ジカの発情持続時間は18〜36時間である。もし、交尾が遅れた場合には雌ジカは雄ジカを許容せずに逃げ去ってしまう。

発情の鑑定法（外部検査法）

主要な検査項目は外部表現と精神状態である。前述のごとく、雌ジカは興奮して不安な容姿で採食にも集中しない。外陰部は一定期間湿り、わずかに赤く腫脹する。また、頻繁に排尿をするなどの行動をとる。

繁殖期は子ジカを離乳させ、妊娠に備える

繁殖季節を迎えると、この期間中にシカはとても興奮する。雄ジカはほとんど昼夜を通じて吠えるし、成熟した雌ジカは発情期に体重の20％を減らしてしまうくらい、飼料の摂取量が減少する。雄ジカ間の闘争は極度に激しくなり、別々に発情した集団をもった牧場主は、シカや牧柵に被害をもたらす雄ジカ同士のけんかを防ぐのに頭を悩まされる。したがって、袋角の時期

に袋角を採取しなかったシカがいる場合は、袋角がきれいになったら、すぐに枝角を切り落としてしまうのが最良である。この機会にシカの子を離乳させる。それにより、若い子ジカの飼養をよく管理でき、また母ジカを妊娠させることができる。離乳にしても発情にしても、シカの群れを分ける時には集団の間に牧草地を少なくとも1つは置くことが重要である。子ジカは離乳させて建物の中へ入れてしまうのが最もストレスを少なくすませる方法である。

角を除去した雄ジカを一緒にすると、角による柵の損傷を抑え、また雌ジカや子ジカが角で突き刺されることを減少させる。また、若い満1年の雌ジカは成熟した雄ジカと一緒に飼うと妊娠する可能性があるので、雄ジカから分離して飼う必要がある。

4 シカの交配技術

雄ジカの選抜と飼養

種雄候補は袋角が二杈（にこう）になった段階で雄ジカ群の中から選出する。8月初めごろより飼料の調整を行う。トウモロコシのような熱エネルギー源を減らし、豆腐粕や青刈り大豆などを増やし、柔らかな青草やニンジン、砂糖大根などの多汁飼料を与える。場合によっては、発芽大豆を与えてもよい。また、適時運動量を増加させ、毎日午前と午後の2回、30分以上運動を行わせる。運動の3分の2以上は速く歩かせる。経験的にこの時期の運動量が十分な種雄ジカは、繁殖期に性欲が強いとともに追逐能力も強く、よく交配する。

種雄ジカの数は雌ジカの数に対して過不足のないようにする。交配期は1～2カ月以上にわたり、発情の分布は一定ではなく、一時に集中する場合もある。発情した雌ジカは毎日のように存在する。確率的には発情する雌ジカは毎日雌ジカ群の8％前後に達するので、雄ジカの数を過不足のないようにしないと完全な交配は保証されない。交配後の種雄ジカは体力回復のために安全な隔離施設を必要とする。

雌ジカの選抜と飼養

離乳後、雌ジカは新しい群れを作る。この群れは雌ジカの年齢や個体の外形的な発育状態および健康状態によって、種育群と一般用の生産群、淘汰群に分類する。種育群は一般的に雌ジカの30％前後で、雌ジカの標準的なものを選択する。選抜された雌ジカには、豊富に繊維質の飼料（主に青緑の牧草）を与え、飼養管理を強化して毎日適当に駆足をさせる。特に太ったシカや痩せたシカは単独飼育して、飼養調整を行う。

種雄ジカの使用と回復

一般に交配開始前に過去の交配記録を調べ、交配対象との血縁関係などを前もって把握しておく。そして交配にあたっては必ず交配記録を残す。

交配させる種雄ジカの選択に関しては、種育雌群には一番よい種雄ジカを、一般用の生産群には比較的よい種雄ジカを、初めて交配させる雌ジカ群には老練な種雄ジカを交配させるようにする。

種雄ジカの交配後の回復時は最も細心に扱わねばならない。雌ジカと交配後、種雄ジカを雄群に戻すと、一般に雄ジカの群れはこの種雄ジカに攻撃をかけ、立つこともできなくする。種雄ジカは集団で攻撃されるため、身を守ることもできない。したがって、交配後はしばらく種雄ジカを単独に飼育し、体力の回復を計ってから雄群に戻す必要がある。交配期間中、種雄ジカを交替し、一時雄ジカ群に戻した場合などは特別に看視人が雄ジカ群内に常在して看視する必要がある。

経験的に雄ジカは1回交配したあとで、小一時間すると次の雌ジカと交配する能力が回復するが、雌ジカ15～20頭に種雄ジカ1頭の比率が一般的によい交配結果を生じている。選ばれた種雄ジカでも、あまり性欲の高くないものや非常に狂暴なもの、雌ジカに対して乱暴なものなどは、他の種雄ジカと交換する必要がある。

交配方法

通常、多くの牧場では自然交配法が用いられている。多数の雌ジカに1頭の雄ジカを入れる方法と、複数の雄ジカ群と複数の雌ジカ群とを交配させる2つの方法がある。

・雌ジカ群に一頭の雄ジカを入れる方法

妊娠可能な年齢に達し、健康で体格等条件を備えた雌ジカ20～25頭の1群に対して1頭の種雄ジカを選んで入れる。雄ジカは5～7日ごとに入れ換える。この方法だと労力が省け、雄ジカ同士の角の突き合いによる負傷を防ぐことができる。この方法は多くのシカ牧場で実施されており、受胎率は90～93％である。

・複数の雄ジカ群と雌ジカ群との交配

交配可能な雄ジカ群と妊娠可能な雌ジカ群とを交配させる方

法である。通常50頭の雌ジカ群に対して、雄ジカ対雌ジカを1対3または1対4の比率で入れて交配させる。交配期間中、特別な場合を除いて雄の入れ替えはしない。この方法を使用している牧場は少ないが、比較的実行するのは簡単である。一般に発情した雌ジカを雄ジカが見落とすようなことはない。受胎率は90%以上で、過去の経験からすると、双子になる率が高い。

ただし、十数頭の雄ジカが一カ所にいるため、雄ジカ同士の角の突き合いといった闘争が激しく行われ、傷害による事故が意外に多発する。そのため、この方法を実施するところはわずかになっている。しかし、放牧形式をとっている牧場ではこの方法がよい。角の突き合いで優劣を決め、勝者の雄ジカが雌ジカの中心で交尾し、敗者のシカが外周の安全な地帯で交尾する。この方式だと雄ジカの体力消耗が激しく、交尾後の体力回復が比較的遅れる。

5 シカの人工授精

品質のよい雄ジカを精液採集用に回す

人工授精の利点は、繁殖季節中は人工的に20回以上精液を採集し、１００頭の雌ジカに授精できることである。人工授精は雄ジカを有効に活用でき、雄ジカ同士の闘争を減少させることもできる。

現在、雄ジカの精液採取は半麻酔下で電気刺激による方法が用いられている。しかし、繁殖季節時の雄ジカは半野生状態のため、精液の採集にはかなりの困難を伴う。人工授精を行う場合は、特別品質のよい雄ジカを精液採集用に回すようにする。こうすると優秀な雄ジカの能力は最大限に発揮され、シカ群の改良の速度を早めることができる。

6 シカの妊娠と分娩

妊娠による体の変化

舎飼いのニホンジカの妊娠期間は222〜246日である。それに対して、放牧による100頭の雌ジカの妊娠期間は221〜236日で、平均234・7日であった。このように放牧のほうが舎飼いよりも妊娠期間がわずかに短くなる傾向がある。

妊娠すると食欲が増強し、採食量も増加し、日増しに太り、毛色の光沢もよくなってくる。次第に腹囲も増す。妊娠期間中の発情はない。分娩2週間前ごろから乳腺が明らかに大きくなり、行動も用心深くなる。分娩前に陰部が腫脹する。シカの多くは1腹1子で、双子はめずらしい。双子は場所によって異なるが、全体の約1〜5%程度で、まれに三つ子も生まれることがある。

分娩前と分娩中の様子

ニホンジカは9〜11月に交配し、分娩期は翌年の4〜6月に集中する。出産間近になると、雌ジカは通常の群れから離れ、単独になって草の陰などで出産する。シカの分娩時刻は夕方か早朝に多く、日中分娩するのはまれである。分娩直前の雌ジカは腹部が垂れ下がり、腹の部分が陥没し、乳房が腫脹し、採食せず、鼻で鳴き、しきりに尾を振り、頻繁に尿をして、鹿舎内の囲いの内側を不安げにうろうろ往来したり、寝たり起きたりと落ち着かない。時折、腹部を見たり、腹痛の表情をしたりすることもある。

雌ジカは繰り返し分娩姿勢をとり、子宮の収縮が強く加わると子ジカを頭位から出産する。一般に子ジカは頭位から、前肢の上に頭をのせた状態で生まれてくる。まれに逆の尾位の場合もある。分娩の約1時間後に胎盤等の後産を排出する。

哺乳回数の変化と採食の開始

分娩後、母ジカは素早く子鹿をなめ清め、後産を食べる。母ジカは子ジカを草の陰などに静かに横たえ、子ジカから離れたところで採食する。哺乳は腹の下に頭を突っ込むようにして立ったまま行われる。出産後の2日間くらいは、1日2回乳を飲ます時だけ子ジカのところを訪れる。

野生ジカの場合、子ジカが3〜4日後に立つようになると、数分おきに乳を飲ませにくる。母ジカは子ジカを頻繁に愛撫し、1週間もすると子ジカは母ジカに連れ添われて採食するようになる。採食中も母ジカは子ジカの方を常に振り返りながらゆっくりとすすむ。その際に子ジカの足元がまだしっかりしていなくても、のろのろと、あるいは足を引きずりながらゆっくりすすむ。母ジカは子ジカを鼻で愛撫したり、なめたりする。とりわけ耳を勢いよくなめる。この耳や首の後ろをなめる行為は、子ジカが3、4カ月齢になるまで続く。

乳量は出産2日目ごろまではあまり出ないが、3日目ごろから多く出てくると思われる。生まれてまだ身動きのできない子ジカがカラスによって殺害される場合があるので、U字溝や避難小屋を備えるなど、カラスを防ぐ工夫が必要となる。

難産時の助産

シカは野生の習性を持っているので、一般的には分娩時の助産は不要である。経験的にいうと、放牧の雌ジカは舎飼いの雌ジカより難産になる確率はかなり低い。

難産が起こりやすいのは、陣痛が弱い場合や破水が早過ぎた場合、また子宮捻転や子宮頸管狭窄、陰門狭窄、骨盤狭窄などの産道の異常が起きた場合、胎児の過熟や胎位の不整などがある場合である。難産であると判断した場合は、雌ジカを安全に保定して助産を行う。一般に助産時の保定には横臥式と起立式の2種類がある。横臥の場合は、前肢および後肢をひもで縛り、板の上または草の上に寝かせて軽く顎または頭を抱いて行う。深さ70㎝、幅100㎝の助産坑に入れて助産を行う。しかし、横臥することによる負傷などがあるので、実際にはあまり実施されていない。

分娩前後の管理

雌ジカは産前産後の各2～3週間は静かなところに置くべきである。春早めに他のシカの群れから妊娠したシカを隔離することは、早く行うだけの効果がある。また、親ジカおよび子ジカとも、なるべく長くそっとしておくべきである。分娩前後のシカを邪魔することは、親ジカに重圧をかけることになるので危険である。

分娩は6時間以内で出産と後産が行われる。出産にあたっての問題はあまり起こらない。仮に起こるとすれば、妊娠した雌ジカの食べ過ぎによるものである。解決策としては、出産前に餌は少なめに与え、またできれば産まれてきた子ジカが隠れる場所が多くなるように遮蔽物を用意する。

多くの牧場主は、子ジカが生まれると性別や体重が気になって、うつ伏せに倒れた子ジカに手を触れようとする。すると、子ジカが鳴いたりするために母ジカが興奮して子ジカを捨て去る原因となることがある。また子ジカを持つ雌ジカは人を攻撃する危険性もあるので注意しなければならない。

6 疾病対策

1 疾病発生の要因と対策

牧場環境、衛生・飼養管理などが要因に

　シカを飼いはじめて1～2年目は特別な要因がない限り、比較的疾病の発生は少ない。しかし、集約的な飼育管理を4～5年続けると、牧場の汚染度は確実に高まる。そして、牧場の環境の悪化や衛生管理対策の不備、あるいは飼養管理の失敗などにより、疾病の発生が問題となってくる。また、シカは牛・羊と共通する疾病が多いので、牛舎・めん羊舎の跡地利用や牛・羊の放牧地転用によるシカ飼育は、疾病発生の誘因ともなる。再利用する場合は疾病対策に十分配慮すべきである。

　牛や羊を飼育する牧場と隣接したシカ牧場においても、同じく衛生管理と疾病予防対策が重要である。シカが患りやすい主な疾病については、次のものがあげられる。

法定・届出伝染病は家畜衛生保健所に届出を

　家畜伝染病予防法により、家畜がかかる伝染病の中で悪性のものは法定伝染病として26種類が指定されているほか、経営上問題となる疾病についても届出伝染病として指定されている。これらの疾病は、蔓延防止や発生予防のために、発生した場合または発生が疑われる場合には都道府県知事（所管地区の家畜保健衛生所）への届け出義務がある。

　これらの法定伝染病のうち、シカがかかる可能性のあるものは、ピロプロズマ症、ヨーネ病、結核症など15種類ある（表13）。これらの発生を防ぐためには、病原性を持った微生物が農場に侵入しないよう消毒することが重要である。熱処理や日光消毒、消毒剤の使用、または農場の入り口で靴の薬浴をする（靴を消毒液につける）など、徹底した衛生管理を行う必要がある。

2 寄生虫によるもの

槍形吸虫感染症（双口ジストマ）

人畜共通の疾病である。肝臓に寄生し、胆肝炎や肝硬変を起こす。また栄養障害を起こして体力が徐々に衰弱する。この疾病は、シカ・牛・馬・豚・羊・ウサギ・ネコと同時に、ヒトでも発生する。

線虫感染症

線虫卵から経口感染して胃腸内に寄生して起こる疾病である。羅患したシカは下痢の症状を発する。栄養不良となって体力が徐々に落ちていく。こうした寄生虫感染個体は、ほかの疾病発生の誘因ともなるので、予防と寄生虫の駆除を行うことが肝要。この疾病は、シカ・牛・羊・ヤギの共通感染症である。

3 原虫によるもの

小形ピロプラズマ症

ダニが媒介して感染する疾病である。羅患したシカは微熱が出る。貧血を引き起こし、栄養障害によりやせてくる。この疾病は、シカ・牛・サルに発生する。

大型ピロプラズマ症

法定伝染病である。羅患したシカは、貧血を起こす。黄疸が発生し、栄養障害によりやせていく。

トキソプラズマ病

羅患したシカは発熱してせきを発する。重症の場合は呼吸困難や異常胎児の分娩も見られる。この疾病はシカ・牛・豚・羊・ウサギ・ネコ・犬・イノシシのほか、ヒトでも発生する。

4 ウイルスによるもの

牛形コロナウイルスの感染症

空気接触による感染病であり、子ジカに下痢の発生が見られる。発熱や鼻汁の症状が出たり、せきを発したりする。この疾病はシカ・牛・羊・ヤギに発生する。

5 皮膚病

害虫による傷によって侵入感染して発症する。無機質の不足などによっても皮膚障害を起こすことがある。

6 抗酸菌症

抗酸菌症としてはヨーネ病と結核病があげられる。

ヨーネ病

法定伝染病であり、慢性の腸疾患である。潜伏期間が長いために寿命を縮めたり、生産能力が減退したりして大きな経済的損失を招くことがある。慢性的経過をたどるため突発的な発生は見られず、むしろ感染した群れの中で散発的に発生する。ヨーネ病は牛や羊共通の抗酸菌症であり、感染は植物や水の摂取によって起こる。伝播ルートとしては、症状が見られない感染動物の搬入により持ち込まれ、その動物の糞便に接触することによって起こる。ただし、胎盤感染はしない。この菌は土壌中に3～5年も生存する。

結核病

法定伝染病であり、罹患したシカは明らかな症状を示すまでにはかなりの日数がかかる。症状は結核菌の感染部位か病変の程度によって異なる。肺結核は最も多い病型で、発咳や呼吸困難、肺胞呼吸音の減弱や消失、不整の発熱、消化障害、栄養不足によるヤセ、被毛粗雑、貧血を引き起こし、時には体表リンパ節の腫大が見られる。

表13　シカの法定伝染病（15種類）と病原体および罹患する家畜の種類

疾病の種類	病原体	家畜の種類
牛疫	牛疫ウィルス	シカ、牛、羊、ヤギ、豚、水牛、イノシシ
牛肺疫	牛肺疫菌	シカ、牛、水牛
口蹄疫	口蹄疫ウイルス	シカ、牛、羊、ヤギ、豚、水牛、イノシシ
流行性脳炎	日本脳炎ウイルス等	シカ、馬、牛、羊、ヤギ、豚、水牛、イノシシ
狂犬病	狂犬病ウイルス	シカ、馬、牛、羊、ヤギ、豚、水牛、イノシシ
水泡性口炎	水泡性口炎ウイルス	シカ、馬、牛、、豚、水牛、イノシシ
リフトバレー熱	リフトバレー熱ウイルス	シカ、牛、羊、ヤギ、水牛、イノシシ
炭疽	炭疽菌	シカ、牛、羊、ヤギ、豚、水牛、イノシシ
出血性敗血症	パスツレラ・マルトシダ	シカ、牛、羊、ヤギ、豚、水牛、イノシシ
ブルセラ病	ブルセラズ属菌	シカ、牛、羊、ヤギ、豚、水牛、イノシシ
結核病	結核菌（ウシ型・ヒト型）	シカ、牛、羊、ヤギ
ヨーネ病	ヨーネ菌	シカ、牛、羊、ヤギ、水牛
ピロプラズマ病	バベシア・ビゲミヤ他	シカ、牛、馬、水牛
アナプラズマ病	アナプラズマ・マージナーレ	シカ、牛、水牛
伝染性海綿状脳炎	プリオン	シカ、牛、羊、ヤギ、水牛

第5章

シカ産物の利用と開発

1 シカ資源の利用に向けて

1 シカ資源の可能性

全身が利用可能な地域資源

シカは牛や豚、鶏とは異なる特性を有し、その全身が利用可能な地域資源である。したがって、部位ごとの利用分野も広い。第2章でも見てきたように、とくに日本人は古代から衣食住にわたる生活用品として利用してきたほか、装飾品や工芸品としても利用した、なじみ深い資源である。

現在でも、主に肉と皮、角の3つの部位が代表的な生産物として利用されているが、その他にも骨や胎盤、鞭（べん）、筋、尾および内臓など全身の部位を利用することができる。とくに漢方薬などの薬用には欠かすことのできない有効成分を提供する貴重な資源である。

今後、消費者のエコや健康、本物志向といった消費動向も見据えつつ、先端技術を活用して付加価値を付けた幅広い商品開発が望まれるところである。シカの主な生産物については表14のとおりである。

2 シカ肉

全部位の肉を食用に供することが可能

シカは処理と衛生管理をしっかり行えば、全身の部位の肉を食用に供することができる。一般的に流通する生肉としては、ヒレ、ロース、モモ肉などの部位に分けられる。

1頭のシカ肉量は、肥育期間や月齢、性、飼料の質と量などによって大きな変動を示す。通常は18～27カ月齢まで肥育し、出荷される。飼育したニホンジカ（ホンシュウジカ）の枝肉歩留は60～64％であり、アカシカの53～58％よりも高い。野生ニホンジカの枝肉歩留は59％程度であるが、そのうち赤身肉の割合は春が76・3％、秋が78・5％と、非常に高い。シカの枝肉歩留は牛や馬、豚、めん羊などの肉用家畜と比較しても同等で豚

表14　シカの主な生産物

品名	内容
肉	生肉はヒレ、ロース、モモ肉などの部位に分けられる。加工製品にはウインナーやジャーキー、缶詰などがある。
幼角	3月末かち4月頃に落角し、約10日後に生え始めて血液の通った袋状の柔らかい角。幼角の期間は約2カ月位。その後は石灰化して硬い角になる。
角	幼角が枯角したもので、工芸品や装飾品で利用される。
胎盤	妊娠200日前後の未熟胎児を帝王切開して産出する。
鞭	9～10月の睾丸が最もよく、漢方薬素材に利用される。
筋	5月末のものがよい。漢方薬のほか薬膳料理にも利用される。
尾	6月のものがよい。特殊成分の含有に注目されている。
皮	10月採取が最適。6月の皮は厚く、冬の皮は薄い。原皮は鞣皮や皮製品、印伝、金唐革など工芸用に利用性が高い。
骨	10月のものがよい。骨粉、骨髄などの利用に期待が大きい。

シカ肉の骨格図と分割図（名称は部位別の呼称）

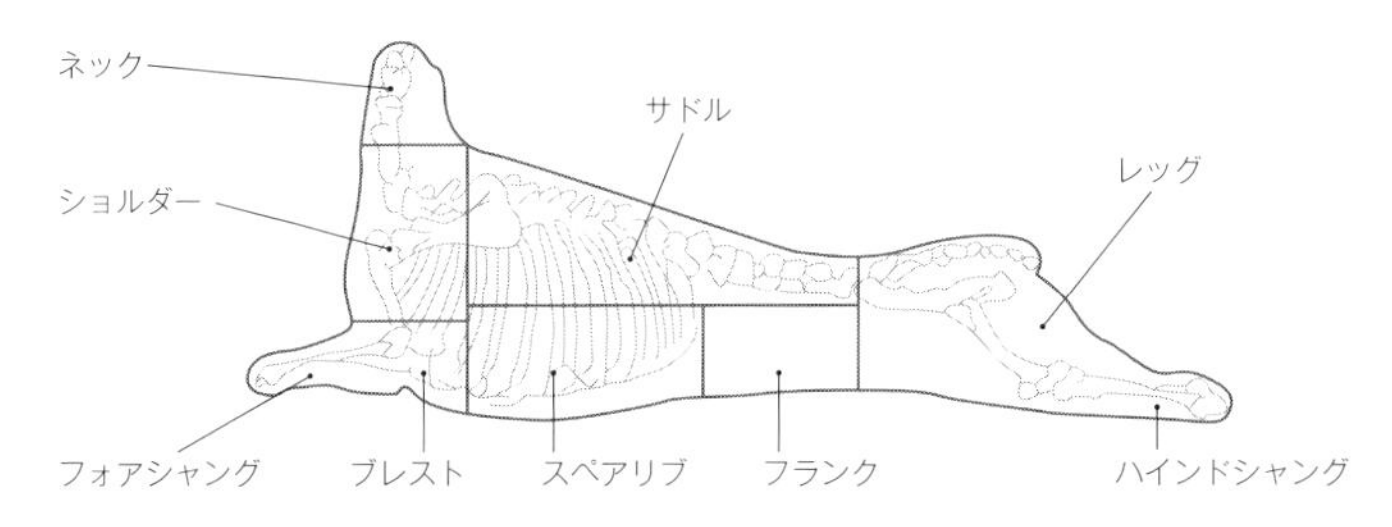

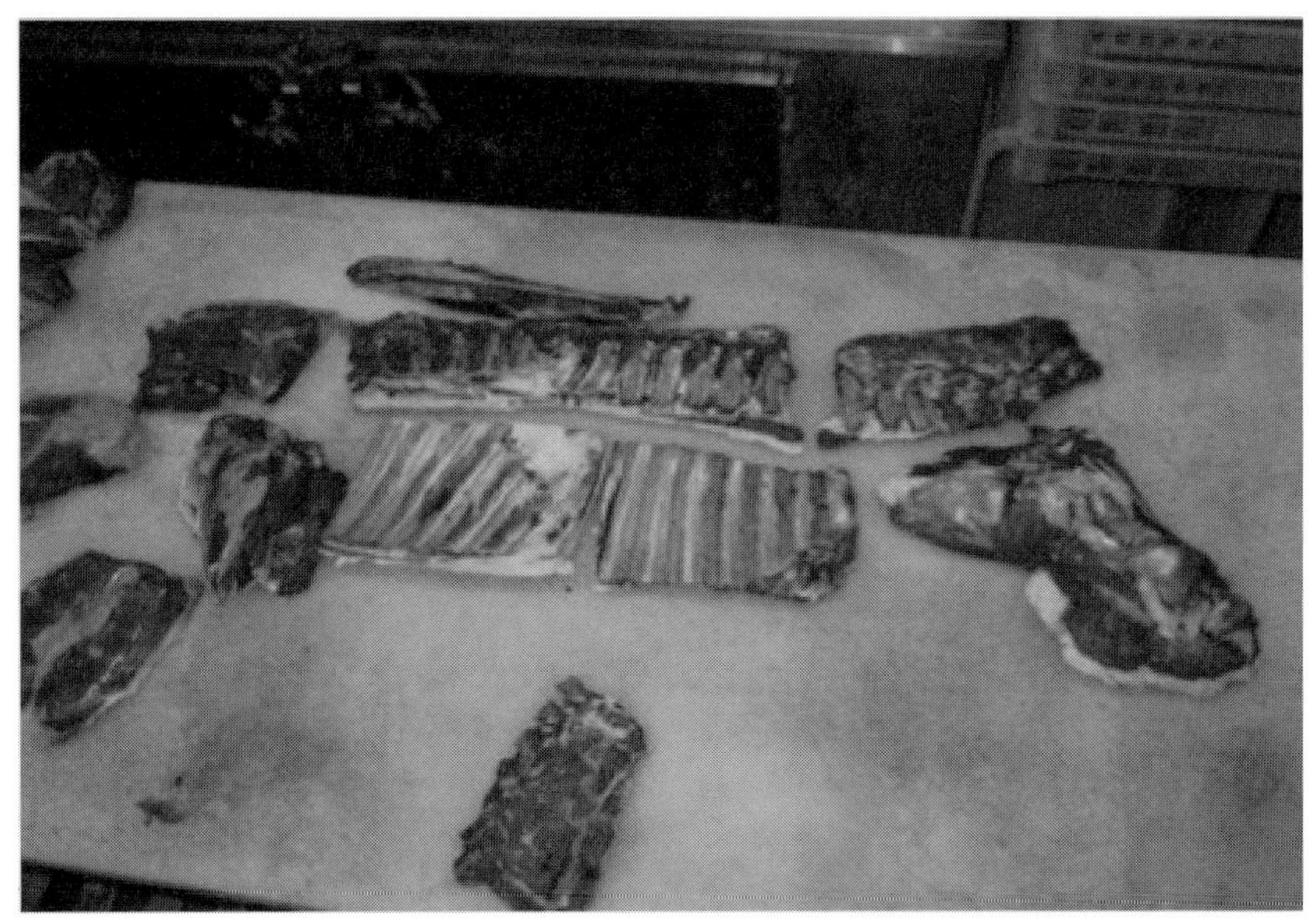

シカ１頭における全身部位の肉の内訳　ロース肉（ロース、肩ロース）、モモ肉（ランプ、シンタマ、外モモ、内モモ）トモバラ、ウデ肉（名称は肉別の呼称）

表15　シカ一頭当りの部位別精肉量（単位：kg）

	帯畜大(割合%)	JA鹿追事例	事例半割	標準事例M	小型	大型
ヒレ	0.60(2.7)	0.4	0.23	0.30～0.40	0.3	0.7
ロース	8.90(23.6)	2.1	1.3	3.20～4.10	2.5	5.5
モモ	8.90(39.8)	5	2.7	7.00～	4.9	9.3
カタ	－	1.2	1.5	4.00～	1.7	2
ウデ	2.70(12.2)	3.36	1.9	2.00～	2.5	3
スネ	1.40(6.1)	1.14	1.13	1.00～	1.6	1.5
ネック	0.50(2.2)	0.95	0.83	0.60～	0.6	1.1
バラ	3.00(13.4)	2.07	1.27	2.10～	2	3
クズ	－	－	1.78	－	－	－
計	22.4kg(100%)	16.94kg	10.58kg	20.2kg～21.2kg	16kg	26.1kg

図4　エゾジカ肉の部位別の割合

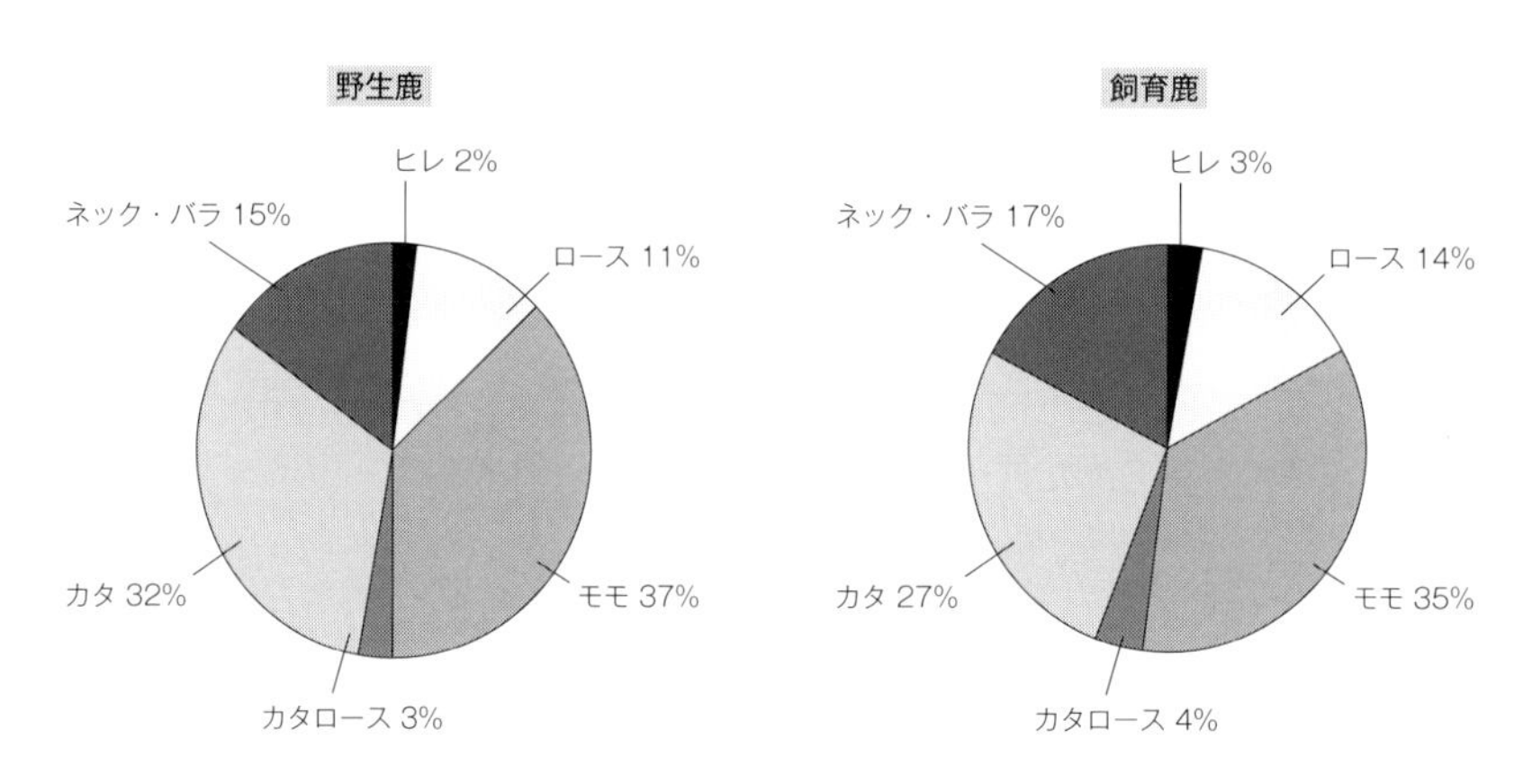

肉よりはやや低く、肥育や選抜の方法によって、さらに歩留を上げることができる。

ただし、季節的な影響が強く見られる。それは飼料採食量の季節変動が大きく、このことが体重、つまり枝肉重量の変化に影響を及ぼしていると見られる。とくに秋から冬にかけて採食量が減る時期には、皮下脂肪含量や筋肉重量が減少することから、この時期のシカ肉は食味や硬さの点で品質が落ちる。

高タンパクで低脂肪の健康的な肉

エゾジカの肉の栄養成分については、水分が70〜76%、粗タンパク質が21・9〜22・6%、粗脂肪が1・2〜3・1%、および灰分1・6〜2・1%となる。それに対してニホンジカ（ホンシュウジカ）では、水分が73・1〜74・2%、タンパク質が19・6〜21・1%、粗脂肪が2・5〜5・1%。灰分が1・1〜1・2%となる。これらの値を牛や豚などの家畜の肉と比較すると、タンパク質含量にほとんど違いはないが、脂肪含量はめん羊（4・9〜9・5%）の3分の1、牛肉（4・5〜6・4%）の2分の1程度である。

これらのことから、特徴としては水分含量がやや高く、相対的に高タンパクで低脂肪の健康的な肉といえる。また、カルニチン含量は4・6μmol/gで、牛肉の2倍、豚肉の4倍、鶏肉の4〜5倍である。脂肪酸組成やコレステロール含有量から見ると、脳や心臓疾患などの生活習慣病の予防に役立つ可能性が期待される。鉄分も１００gあたり6gと多く、牛肉の8〜9倍、鶏肉の10倍近く含まれ、濃い赤色を呈している。このように、シカ肉は優れた健康食品といえよう。

3 皮革

柔軟さと強靭さをかね備えた機能的素材

シカ革は繊維が細やかで感触がよく、吸湿性と通気性ともにあり、強靭で長持ちする。また、水や油の汚れを同時に拭き取ることができる高い機能性を持った優れた素材であることから、生活に密着した商品の開発が可能である。用途としては、シカ毛付きの皮は武道具や装飾品などのほか、敷物にも利用することができる。

シカ革の種類は、白革と加工過程で油なめしをしたセーム革、および吟付革がある。加工品の種類としては、和弓（カケ）や

シカ革のバッグ（2009年、吟付革製品第1号）

表16　シカ革特性分析調査

種類/区分	厚さ（㎜）	引張強さ（Mpa）	伸び（%）	引裂強さ（N/㎜）	見掛比重（g/cm³）
ニホンジカ	1.2	28.6	85.8	53	0.57
エゾジカ	1.2	33.3	96	57	0.47
中国産	1.7	32	90	55	0.48
ニュージーランド産	2.2	30	90	43	0.5

表17　用途別のシカ皮必要量の目安

製品	単位	サイズ（DS）
革靴	1足	30
ハンドバック	1個	70
財布・小物	1個	10～20
皮ベスト	1着	100
手袋	1双	23
ベルト	1本	10

（注）1DS（デシ）＝10cm×10cm

武道具、袋物、革工芸品、剥製などが挙げられ、シカ革は利用範囲の広い素材である。また、皮革としてはバッグや小物入れ、アクセサリー、手袋、衣装、太鼓など多種多様な商品を挙げることができる。

シカ皮のサイズは、デシ（DS）で呼ばれ、1DSは10㎝×10㎝である。ニホンジカは1枚あたり60～80DSであり、中国産（チヨン）の平均値20DSと比較して大きい。エゾジカ皮はさらに大きく、90～100DSである。用途別のシカ皮必要量の目安は表16のとおりである。皮革の特性を検査した結果を見ても、現在市場に多く出回っている中国産やニュージーランド産のシカ革と遜色のない値である。

なお、用途別の鹿皮必要量の目安は表17のとおりである。

4 幼角（袋角、鹿茸）

健康食品の原料に認められた優れた効能

シカ類の角の成長は、次のページの図にもあるように枯角が落ち、袋角が成長して枝分かれし、やがて骨質化して枯角が完成する。このうち、角が柔らかく、血液が通って成長している袋角の時期のものを「幼角（袋角、鹿茸）」と呼んでいる。袋角を乾燥させたものは漢方薬の重要な原料となる。その効果は、心臓機能の回復、消化管や腎臓機能の促進、筋肉の疲労回復、神経系の鎮静、および精力減退や更年期障害の回復促進などにも及ぶとされる。

中国では、アカシカ（馬鹿）やニホンジカ（梅花鹿）の袋角が生産されており、採取時期は落角後約55～70日である。ノコギリで角座から約2㎝程度のところを敏速に切り取る。この際、角座から血が吹き出すので、止血剤を塗りガーゼで押さえる。採取した袋角は、火であぶり、風に通して乾燥させ製品化する。ニュージーランドでは、ベルベット（鹿茸）はベニスン（シカ肉）に次いで販売収入が多く、韓国に大量に輸出している。

わが国（当時、厚生省）では、1995年11月にニホンジカの袋角を「使用特例成分」のリストに追加し、健康食品の原料として認めた。わが国における袋角の生産量はわずかである。ニホンジカやエゾジカの袋角を原料にしたものとして、「気快」や幼角酒（いずれもリキュール類酒）や粉末カプセル製品の「鹿王」や「鹿麗」、「鹿丹」などが販売されている。スタミナドリンクに使用される幼角はほとんどが中国やロシアから輸入されたものである。

図5　鹿茸の生長段階における形態変移の様子

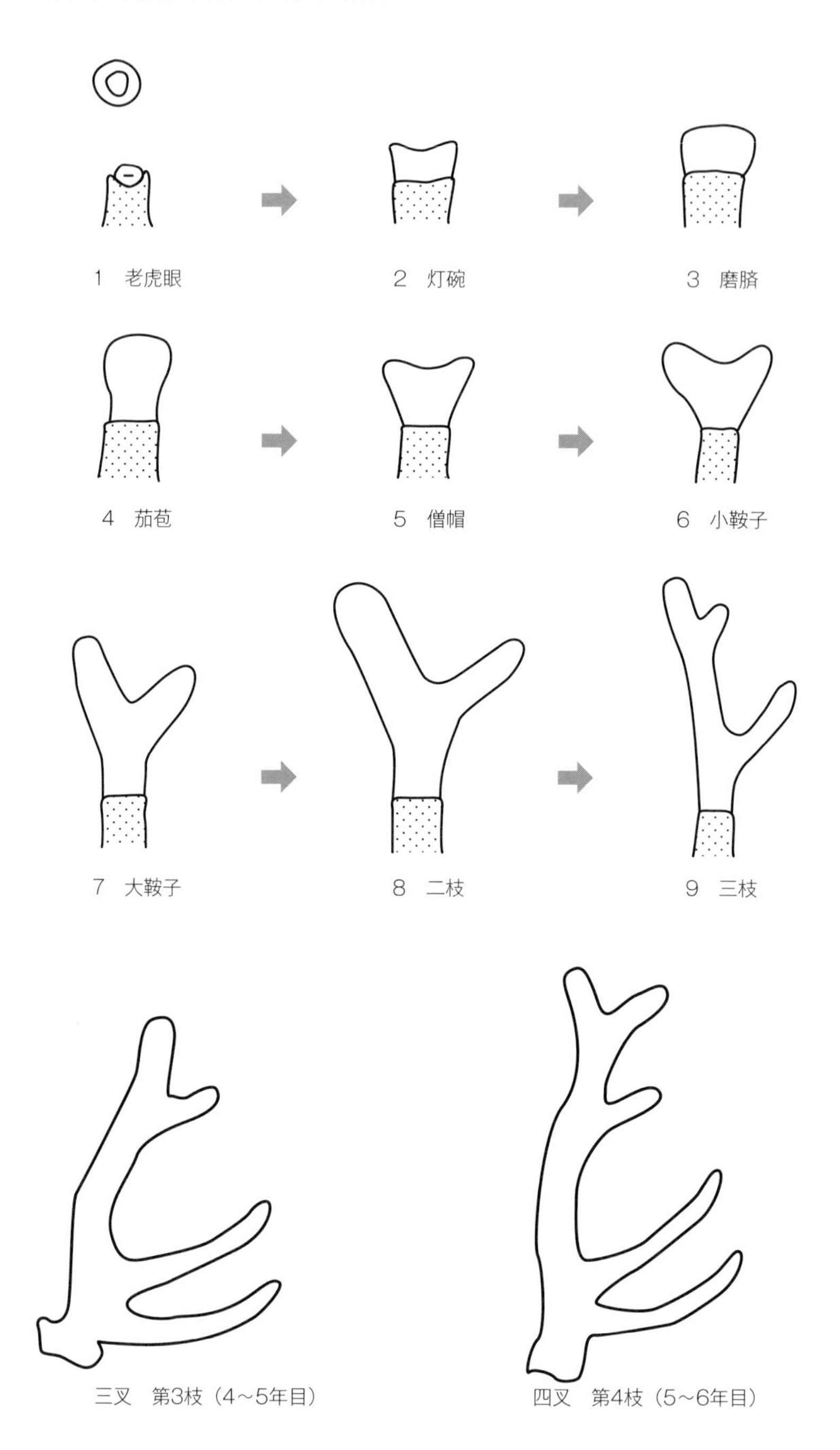

5 シカ枯角・シカ骨など

加工しやすい丈夫な性質と優れた薬効

シカ角やシカ骨は加工しやすく、丈夫な材料である。古代より献上品として利用され、近年では紙切りナイフや箸、キセル、ペンダント、老人用杖などの工芸品や装飾品、楽器用材などにも加工されて活用されている。

枯角は鹿茸を切り取らずに角が硬くなって骨質化した後に切ったり、自然に落ちたものを集めたりして利用する。効能は鹿茸よりも劣るが、むくみを解消したり、うっ血を散らしたりするほか、子宮出血を直す効果もある。さらに新たな分野で素材として使われることが期待されている。

シカの角の成長のサイクル

シカ科動物のうち、雌雄ともに角を持つのはトナカイとカリブーのみで、ほかは雄だけが角を有する（ただし、ジャコウジカやキバノロには雌雄ともに角がない）。シカの角は満１歳以後から生えはじめ、年齢がすすむとともに枝角が増え、３～４歳で３叉４尖の標準型になる。４月中旬頃から枯角が落ち（落角）、５月ごろから袋角（幼角ともいう）が成長する。その後、７月中旬から枝分かれし、９～10月ごろには骨質に変化した立派な枝角（枯角）が完成する。

緻密な骨質で多孔質なシカ骨

シカ骨は緻密な骨質で多孔質であることから、粉末化されてアパタイトとして再生医療素材としての製品開発などへの利用も期待される。最近では産卵鶏の餌に粉末を混ぜて給餌することで産卵改善が期待される。

なお、シカ骨はヒトの生体と親和性が高いといわれている。シカ骨のアパタイトはＸ線の回曲パターンがヒトの歯や骨のそれと類似している。アパタイトの組成は水素基をもつハイドロキーニを高熱で焼くと弾力性が増加する特性がある。この特性を活かした人工骨や歯代替品といった多孔質体の骨補塡材、さらには微生物除去、免疫力向上用の医療品などの商品開発が期待される。

肝臓や心臓などの内臓は漢方薬素材としての流通が期待される。また、食材として、またはペット用飼料の素材としての用途の開発も切望されている。

2 シカ肉の利用と開発

1 栄養と機能性

柔らかくて消化の早い肉

シカは太古より狩猟の対象とされ、種類も多く肉がおいしいことから人々に好まれ、最も多く食用にされてきた。特に中国では人を養う食糧であったと同時に、幸福や健康、長寿をもたらす聖獣とされ、シカ肉料理は皇帝や王侯貴族たちが好んで食べるグルメの象徴であった。その効能について『本草綱目』では、「気力を増し、五臓を強くし、虚弱を補し、血脈を整える。産後の風虚を治す。シカの一身はみな人に益あり、或いは煮、或いは蒸し、或いは脯（ほじし）（干し肉）にし、酒とともにこれを食うがよし。またシカは仙獣にして純陽、多寿、よく督脈を通ずる。また良草を食するのでその肉、角は益あって損がない」と紹介している。

シカ肉料理のいろいろ（1996年、北海道然別湖ホテル）

シカ肉は筋線維がきめ細かく、筋肉内のコラーゲン量が他の肉に比べて少ないため、他の家畜の肉に比べて柔らかい。部位によっては生で食べることができるほか、煮出して出汁にすることもでき静岡県やデンマークで鹿節が考案されている。また、肉の消化も他の肉類に比べて早い。

優れた栄養と機能性

栄養や機能性に関する特徴は以下のとおりである。

①高タンパク・低脂肪で生活習慣病予防に役立つ

シカ肉のタンパク質は牛肉に比べて必須アミノ酸のバランスがよい。油脂群は家畜油脂や魚油に比較して低脂肪が特徴で、動脈硬化の予防など、生活習慣病予防にも効果が期待できる。

②コレステロール値が低く、体脂肪を低下させる

シカ肉に含まれているリノレン酸脂肪酸は牛肉よりも多い。血清総コレステロールが少なく、HLDコレステロール濃度が高い。そのため、アテローム性動脈硬化指数は魚油群に次いで低い価を示し、肝臓コレステロール濃度も有意に低い値を示す。また、不飽和脂肪酸系「共有リノール酸」や多価不飽和脂肪酸系のDHA（ドコサヘキサエン酸）、EPA（エイコサペンタエン酸）などの機能性成分も多く含有する。この脂肪酸は体脂肪を低下させる働きがある。

③ビタミンB群が多く、頭の働きをよくする

糖質や脂肪、タンパク質を分解する働きをもつビタミンB群が、牛肉の倍近く含まれ、ブドウ糖の代謝や免疫機能、記憶力などに好影響を及ぼす可能性がある。

このほかにも鉄分を多く含み、貧血を防ぐなど、シカ肉は「柔らかい」、「健康によい」、「消化が早い」という長所をあわせ持つとともに、さまざまな有効成分を多く含む。このことから、漢方や薬膳など病気の治療補助食品としても利用されるほか、最近では抗アレルギー食品としても注目されている。

2 薬膳的利用の可能性

体を温めて消化・吸収機能を整える

中国には「未病」という病気がある。現在病名はつけられないが、いずれほっておけば病気になるであろうという状態をいう。薬膳はこのような状態から健康を取り戻すことを主眼として生まれた食文化であり、「命は食にあり」の諺が示す通り、す

べての養生の根源が食生活にありと説くものである。この考え方は、古来より中国の食文化を移入、改変し、生活の基盤としてきた日本人には、非常に馴染みやすいものである。

薬膳の分類で「甘味」「温性」の食材とされているシカ肉は、体を温めて消化・吸収機能を整える作用をもつ。したがって、シカ肉の薬膳は虚弱体質を治し、病後の回復食などによいとされる。血脈を整え、増血に貢献し、精力減退を予防するとともに、抗老作用もあり、五臓を養う食べ物として長く利用されてきた。したがって、シカ肉料理はとくに高齢者の友である。抗老食や強壮食として今後大いに利用していきたいものである。

シカ肉が向いているのは「陰体質」

しかし、このように病を防ぎ、体力を補う力があるものの、毎日常食する類のものではなく、過剰摂取にならないように、体調や症状にあった食べ方をしなければならない。

一般的にシカ肉が向いている体質は「陰体質」であり、症状としては、顔色が青白く、手足が冷える、寒がりで疲れやすい、腰や膝がだるくて力がない、尿量が多くなったり、夜明け前に下痢したり、咳が出たりする、風邪をこじらせやすいなどの症状を改善するためにシカ肉は非常によいといわれる。ショウガやニラ、クルミ、肉桂、鹿茸、山茱萸（やまぐみ）、杜仲などの温陽の食物や生薬とともに用いれば、その効果はさらに強くなる。

3 シカ肉料理の基本

材料のシカ肉をしっかり選択する

料理に用いるシカ肉は血抜きがきちんとされた肉であることが必要である。そうしないと血の匂いが肉に移って素材の味を台無しにしてしまう。また、作りたい料理に見合った部位を求めることも重要である。その際に冷凍保存をしてある肉については、真空パックの状態や品質などをしっかりと確かめる必要がある。

肉の部位と料理の相性

肉の部位によって向いた料理と向かない料理がある。部位による料理との相性は、以下のとおりである。

・首：シチュー、ミート・ローフ、スープ、ひき肉

・肩：カレー、シチュー、ロースト、炒め物、スープ、煮込み、ひき肉
・ロースおよびヒレ：ステーキ、ロースト、たたき、刺身、ルイベ、しゃぶしゃぶ、すき焼き、味噌漬け、ベーコン、揚げ物
・モモ：ステーキ、燻製、ハム、ウインナー、ロースト、ジンギスカン、油炒め、スープ
・スネ：サイコロ・ステーキ、ミート・ローフ、チャーシュー、煮込み、スープ
・腹：ソーセージ、カレー、シチュー、スペア・リブ、ひき肉
・レバー・心臓・その他の臓物：炭焼き、揚げ物、油炒め、味噌煮
・舌：塩焼き
・その他の部位：ペット・フード、肥料など

シカ肉料理を失敗しないコツ

せっかく良い素材を手に入れたとしても、料理の手順やタイミング、調理法を誤ると素材のおいしさが引き出されないので、以下の点に注意する。
・肉の味と特徴にあった料理を選択すること。
・塩をふって長時間置くと肉の身がしまって固くなる。塩をふったら、寝かせる時間をよく考えること。
・余分な水気や臭いを取りたい場合は、肉用の市販シートで一定時間肉をはさんでおくとよい。
・柔らかい肉は焼いて味わい、固い肉はよく煮てその出汁を味わうとよい。
・ステーキなどの場合は、鉄板を温めておき、油をひいたら強火で一気に焼くとよい。少し焦げ目が付くと表面が固くなって締まる。この状態では中は柔らかく旨味も逃げない。この段階がレアの焼き加減である。弱火で順次ミディアム、ウエルダンの焼き加減をつけていくこと。
・ハンバーグのような厚めのものは、いったん強火で焼いて表面を固くしたら火を弱め、じっくりと中まで火を通す。料理によっては、酒や湯、水を入れてふたをして蒸し気味に焼くとよい。
・料理の味付けにあたっては、肉料理全般に共通することであるが、塩をするタイミングと量が決め手となる。また、シカ肉にはハーブや香辛料がよくマッチするため、コショウやカレー粉、ネギ、ショウガ、ニンニク、酒などを上手に使うとよい。

4 シカ肉料理の実際

シカ肉を多様な料理に使うヨーロッパ

ヨーロッパはシカ肉の消費が盛んで、さまざまな料理に用いられている。イギリスのスコットランド地方で同国初のシカ牧場を商業ベースで開いたフレッチャー博士夫人は、みずから鹿肉を用いたさまざまな料理を研究して、テレビ・ラジオで紹介するとともに、シカ肉料理書を何冊も刊行している。そのうちの1冊『鹿肉―食卓の王者―』を見ると125の調理法が紹介されているが、それほどシカ肉は多様な料理に使うことができるのである。

しかし、同書にはシカ肉の刺身という食べ方は書かれておらず、日本の山深い地域ではごく一般的な食べ方であるモミジ（シカ肉）の刺身は知られていないことがわかる。日本ではシカ肉は刺身として最も多く利用される以外に、たたきにしたり、あや焼きと称してサンショウと醤油のつけ焼きにしたり、残ったシカ肉をしぐれ煮として利用したりすることが多い。鍋物としてはほとんど利用がないようである。ただし、これは和食としてのシカ肉利用の現状であり、今後洋食としてのシカ肉消費が多くなると、ヨーロッパに見られるようなさまざまな調理法が定着していくにちがいない。

ここでは参考までに、日本人の嗜好に合うであろうシカ肉料理のアラカルトをいくつか紹介する。

シカ肉の蒸し焼きトマト風味

トマトソースかトマトピューレーをかけて蒸し焼きにしたシカ肉は、メインの1品となる。つけ合わせには新鮮な生野菜を添えて出すとよい。シンプルにサラダ菜を添えるだけでも十分である。

材料（6人前）

・シカ肉（骨なし肩肉、骨なしサドル、骨なしモモ肉） 1キロ
・トマトソース（またはトマトピューレー） 150cc
・オレンジスライス 1個分
・ショウガ 少々
・塩 小さじ山もり1杯
・ウスターソース（大さじ） 1杯
・バター 50グラム
・酢 大さじ2杯

・オールスパイス

つくり方

1　たこ糸を用いてシカ肉を少しゆるめに形を整えながらグルグルしばる。そして、フライパンにのせて肉全体にこげ目を付ける。

2　他の材料を一度に鍋に入れ、こげつかないように気を付けながら煮つめてタレをつくる。

3　1の肉を天板に入れ、2のタレを静かにかけ、天火オーブンで50～60分間火を通す。おいしくつくるには、タレと肉汁を肉によくからませるようにときどき肉を裏返したりしながら焼くとよい。

火の通り具合は竹串で刺して肉汁の色でみる。火を消しても天火オーブンからすぐに肉を取り出すことは絶対禁物。最低15～20分間は天火オーブンに置いておくと、まんべんなく肉に火が通り、おいしさが引き出される。これは英語でresting（休ませること）と表現され、ロースト料理のポイントである。

シカ肉のビール煮込み

このシチューは、2～3度と煮直すほどにおいしさが増していく。

材料（6人前）

・角切りシカ肉　1・4キロ
・セロリ　1株
・蜂蜜　大さじ2杯
・三温糖（赤砂糖）　50グラム
・ビール　570cc
・スープ　300cc
・塩、コショウ、小麦粉

つくり方

1　セロリを1口大に切り、フライパンで軽くこげ目が付くくらいまで炒める。

2　肉に塩とコショウを少々ふってから、小麦粉の上を転がすようにして粉を全体にまぶし、フライパンを用いて十分にこげ目を付ける。1と2はともにキャセロール鍋（耐火ガラス鍋など）に移しかえておく。

3　フライパンにビールと蜂蜜、砂糖を入れて温めて溶かす。

4　3とスープをいっしょにキャセロール鍋に注ぎ、弱火でゆっくり沸騰させる。

5　天火オーブンの天板に鍋ごと移して、180℃で最低2時間煮込む。このとき肉が汁から顔を出すようであれば、スープか水を加える。最後に塩とコショウで味を整える。

シカ肉の蒸し焼きローマ帝国風

古代ローマ人が今日あまり使われていない香辛料や香科植物をふんだんに使ったり、肉料理に蜂蜜を使ったりしていたことはよく知られている。魚を香辛料とともに漬け、魚のキムチのように醗酵させ、その汁を料理に使うことも多かった。これを本料理ではウスターソースで代用する。分量は6人前であるが、日本人の胃袋のサイズから考えると、食欲旺盛な人々が集まるパーティのメニューにするとよいだろう。

材料（6人前）

・シカ肉（骨なし肩肉）　1.8キロ
・スープストック　肉がかぶる程度
・肉のタレ（好みのもの）　80グラム
・蜂蜜　大さじ5杯
・ウスターソース　中さじ2杯
・塩、コショウ
・スパイス（次のうち手にはいるもの）　コリアンダー、クミン、ショウガ、セロリ、レイズン、クローブ、松の実、ペニロイアル・ミントなど

つくり方

1　シカ肉をたこ糸で形を整えるように巻いて鍋に入れる（鍋は大きすぎると料理しづらいため適当な大きさのものを選ぶ）。そこにスープストックをヒタヒタになるまで注ぎ入れ、火にかける。沸騰したら火を消して、そのまま1時間ほどスープに浸しておく。

2　肉を天板に移しかえ、その上に温めておいた肉のタレを静かに塗り、さらに蜂蜜をかけて塗る。そのあと塩とコショウ、ウスターソース、さらに好みの香辛料をふりかける。

3　180℃のオーブンで、ときどき肉を裏返しながらスパイスのきいた蜂蜜をハケで塗り、また肉の表面が乾いてきたら1で使った鍋のスープを塗って1時間半ほど焼く。

4　天火オーブンの火を消したら、そのままオーブン内にしばらく置く。

シカ肉の田舎鍋

これは先のビール煮込みから少しクセを除いたもので、子どもたちにも喜ばれるシチューである。残った分を翌日煮込み直すことでさらにおいしくなる。

材料（6人前）

・角切りシカ肉　７００グラム
・タマネギ　大1個
・ニンジン　大1本
・ジャガイモ　大1個
・マッシュルーム　１２０グラム
・スープストック　５００cc
・塩、コショウ、小麦粉

つくり方

1　肉に塩とコショウをふりかけ、小麦粉の上を転がすように粉をまぶし、フライパンで強火でこげ目が付くまで焼く。それをキャセロール鍋に移す。

2　肉を焼いて残った油で、みじん切りしたタマネギ、さいの目切りのニンジンとジャガイモを軽く炒める。次にマッシュルームをそれに加え、さらに1分間ほど炒める。これらの野菜類もキャセロール鍋に移しかえる。

3　このフライパンに小麦粉とスープストックを加え、グレイビーをつくり、これをキャセロール鍋に移した材料に汁が十分かぶるまで注ぎ入れる。それを１８０℃の天火オーブンで1時間半くらい焼く。これで肉は柔らかくおいしくなる。

薄切りシカ肉のグリル

これは最も簡単なシカ肉料理である。あっさりとしてとても食べやすい。もっと簡単に調理したければ、薄切りした肉をフライパンでバター焼きにするだけでもおいしい。

材料（6人前）

・シカ肉（骨なしモモ肉）　1キロ
・調味料、香辛料

つくり方

1　肉を薄切りにして、調味料や香辛料を加えたサラダ油に30分～1時間ほど漬けておく。こうすると肉の舌ざわりがよくなる。

2　この肉をはじめは強火で、その後は弱火で両面ともあぶり焼きにする。
3　お皿に盛りつけ、フライドマッシュルームやジャガイモソテー、サラダ菜などを添える。

5 シカ肉販売の基本

多様な販売先と流通経路を開拓

経営的に成り立っている牧場での販売戦略を見ると、①販売先や販売部位が多様であること、②とくに販売しづらい裾物の販売方法に力を注いでいること、③トレーサビリティシステムの導入により、衛生管理や安全性確保に腐心していることなどが挙げられる。

エゾジカ肉を販売する北海道の牧場の例を見ると、販売先としては、①地元の食堂や観光ホテル、②道内の観光地のホテルや宿泊施設、③札幌のそば屋、④道の駅、⑤自治体での職域販売、⑥地元商工会メンバーの商店、⑦東京のレストラン、⑧空港売店、⑨ネット販売、⑩お中元・お歳暮用通販、⑪弁当屋など非常に多種多様で、広範囲である。

こうした多様な販売先に対応するためには、流通経路も単純ではなく、直販以外に卸売業者やインターネット販売会社、通販会社、あるいは地元の商工会メンバーに取次を依頼するなど、複数の流通業者を上手に活用している。定番商品とはいいがたいシカ肉については、その販売が一過性にならないように生産者の販売努力が牛豚以上に求められ、しかもその努力を継続して行わないと販売先の開拓や確保は困難である。

需要の低い部位の販売に知恵を絞る

販売部位については、ロースやヒレなどは割と販売しやすいが、それ以外の部位の販売は難しい。そのため部位を特定しないで単にシカ肉として販売する例も見られるが、部位による品質の差が歴然としていることから、この方法だと食味や品質の点で消費者に満足されないことにもなりかねない。こうした需要の低い部位の販売については知恵を絞る必要がある。この成功例としては、さまざまな部位の肉をミックスしてミンチにし、シカ肉ハンバーガーや、バラ肉、肩モモなどを利用したウインナーの商品化などの例がある。また、カレーの缶詰やレトルトパックを専門業者に委託生産してもらって販売することもひとつの販売戦略となるだろう。

衛生管理による血抜きの徹底で品質確保

販売上で重要な問題は、衛生管理と安全性確保の問題である。シカはと畜場法上の家畜に該当しないため、公設と場でのと畜ができないので、養鹿経営を行う際は近くに簡易と畜場がある場合を除いて、自ら開設し、と場の衛生管理も自らの責任で行う必要がある。

こうした衛生管理による血抜きの徹底によって、肉の品質確保ができるとともに、狩猟鹿肉に比較して、養鹿により生産された肉の優位性を安全性を含めて発揮できることから、養鹿経営を成立させるためには、と場の確保は欠かすことのできない課題である。

シカ肉の利用をすすめていくためには、安全性に問題のあるシカ肉流通を絶つ必要があり、ＢＳＥ類似の慢性消耗症（ＣＷＤ）やＥ型肝炎の検査の徹底など、と畜場の整備が不可欠であろう。

加えて将来、ジビエの普及にともなって、シカ肉の需要が大きくなったとき、衛生上の問題で食中毒が発生する可能性がある。万が一、そのような事態が生じたとき、それはただシカ肉

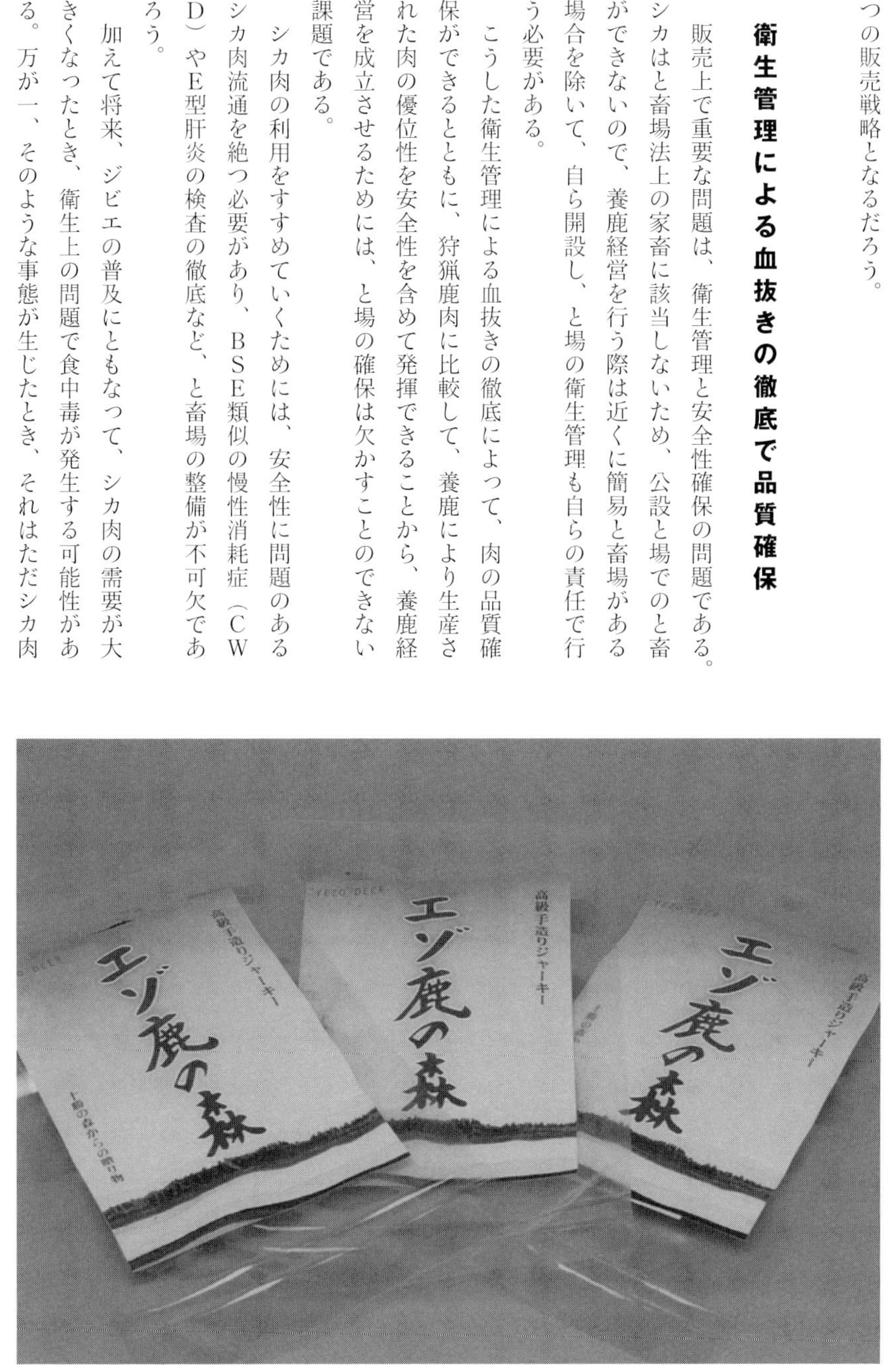

エゾジカ肉のジャーキー（1996年、北海道鹿追町開発、第1号）

だけの問題にとどまらず、影響は食肉全体に及び、消費者の肉離れを招く恐れが否定できない。

かつて衛生管理の悪い店で焼肉を食べた客に腸管出血性大腸炎が発症したことがあった。その際には肉の安全性への社会不安が広がり、消費者の肉離れが顕著に見られた。それは理性ではどうすることもできない人間の属性によるものとでもいえるような社会現象であった。

その意味でジビエの提供者は、よほどの自覚と実力を持って衛生上の問題に真剣に取り組む覚悟を持たない限り、わが国の畜産行政における長年の努力の積み重ねに水を差しかねないし、取り返しのつかないことにもなりかねない。その点では、厚生労働省が狩猟から消費に至るまでの各工程における安全性確保のために、「野生鳥獣の衛生管理に関する検討会」で検討を行い、その結果を踏まえてジビエも含めた「野生鳥獣肉の衛生管理に関する指針（ガイドライン）を作成したことに注目したい（一六二―一六三頁資料参照）。

6 シカ肉加工処理の基本

食肉処理業の営業許可が必要

肥育したシカは特用家畜ではあるが、「と畜場法」に規定されている家畜ではないため、牛や豚と同じと場で処理することはできない。食用とするシカは「食品衛生法」によって各都道府県が許可した食肉処理施設において、「食肉処理業」の営業許可を受けて、と畜・解体処理しなければならない。

安全で衛生的なシカ肉を消費者に提供するためには、食肉処理施設の設備や使用する清浄水、作業従事者の衛生管理が許可条件に基づいて十分になされていることが必要である。施設の設置基準、その管理運営基準、そしてと畜、肉処理作業などに関する事項は体系化され、順次マニュアル化されねばならない。

と畜・解体の手順と検査

と殺は電気と殺か銃と殺により行い、30分～1時間以内に解体する。

まず、と体は吊り下げて血抜きし、電解液によって全身の被

食肉加工センター（釧路市）

毛を消毒したあと、開腹して内臓を摘出し、皮をはいで消毒すると枝肉となる。この間に内臓検査や細菌検査が行われる。枝肉は3～5℃で5～6日間熟成されたあと、カット処理されて品質検査されると、冷凍保存され、必要に応じて出荷される。

と体の食肉化に際しての検査は、「と畜場法」で定められたと畜検査員によって生体検査やと体の内臓、頭部、枝肉の検査、そしてBSE検査が行われて、食肉の衛生と安全性が検証される。

と畜・肉処理施設の条件

と畜・肉処理施設は、建屋内に床や壁などが常時洗浄・消毒できると畜施設や解体処理施設、また冷凍・冷蔵保存施設が整備されたもので、事業の規模に応じて事業体の所属する各都道府県の認可のもとに設置し、利用する。施設内には十分な給水、排水、配電および諸機械の設置がなされていなければならない。

また、と体処理に関わる汚水や洗浄水、またと体に由来する廃棄物についても、その始末の仕方が保証されていることが必要である。と畜パターン別処理工程は図6のとおりである。

図6　と畜パターン別処理工程（フローシート）

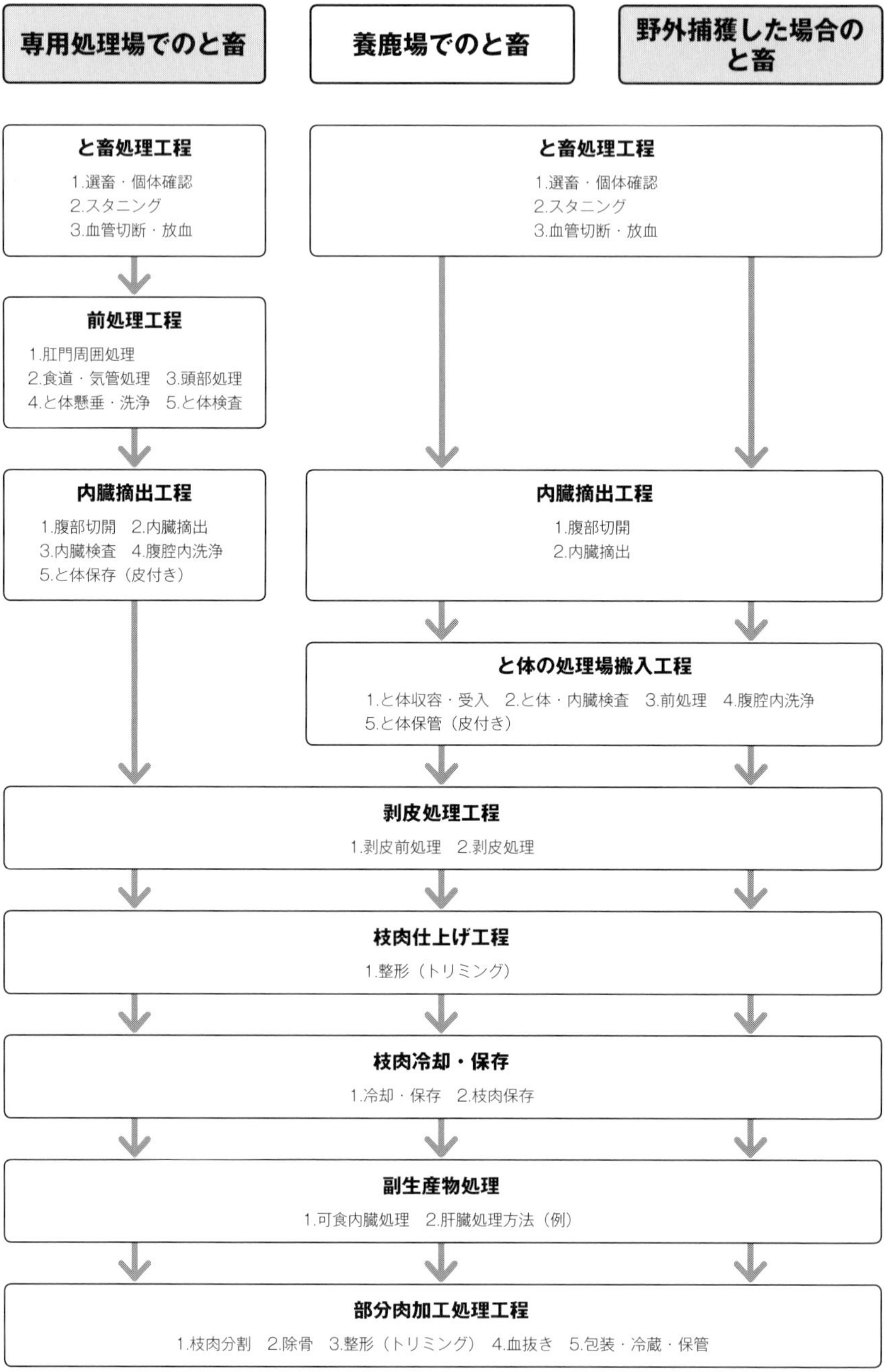

専用処理場でのと畜	養鹿場でのと畜	野外捕獲した場合のと畜
と畜処理工程 1.選畜・個体確認 2.スタニング 3.血管切断・放血	**と畜処理工程** 1.選畜・個体確認 2.スタニング 3.血管切断・放血	
前処理工程 1.肛門周囲処理 2.食道・気管処理　3.頭部処理 4.と体懸垂・洗浄　5.と体検査		
内臓摘出工程 1.腹部切開　2.内臓摘出 3.内臓検査　4.腹腔内洗浄 5.と体保存（皮付き）	**内臓摘出工程** 1.腹部切開 2.内臓摘出	
	と体の処理場搬入工程 1.と体収容・受入　2.と体・内臓検査　3.前処理　4.腹腔内洗浄 5.と体保管（皮付き）	

↓

剥皮処理工程
1.剥皮前処理　2.剥皮処理

↓

枝肉仕上げ工程
1.整形（トリミング）

↓

枝肉冷却・保存
1.冷却・保存　2.枝肉保存

↓

副生産物処理
1.可食内臓処理　2.肝臓処理方法（例）

↓

部分肉加工処理工程
1.枝肉分割　2.除骨　3.整形（トリミング）　4.血抜き　5.包装・冷蔵・保管

3 皮革の利用と開発

1 シカ皮革の特徴と用途

保温性と通気性に富み、吸湿性に優れる

シカの毛の付いたものが毛皮、毛皮から毛を除いたものを皮と称し、皮をなめすと革になる。シカ革はしなやかで、美しさが特徴である。他の動物より繊維が細かくてキメが細かく、触った感触もよい。特に、シカ革は保温性と通気性に富むとともに、吸湿性にも優れており、適度の硬性と弾性があり、気温による風合いの変化が少ない。そのため、いろいろな形状物の加工が容易である。また、鹿皮をなめした製品は、ウールのスカートよりはるかによく、布のように皺ができない。

シカ皮製品の良否は、シカの産地や産出の時期、皮のなめしや加工技術、部位などによって異なる。暑い南方地方のシカは皮が厚く、毛は薄い。一方寒冷地方のシカは毛が厚く、皮が薄

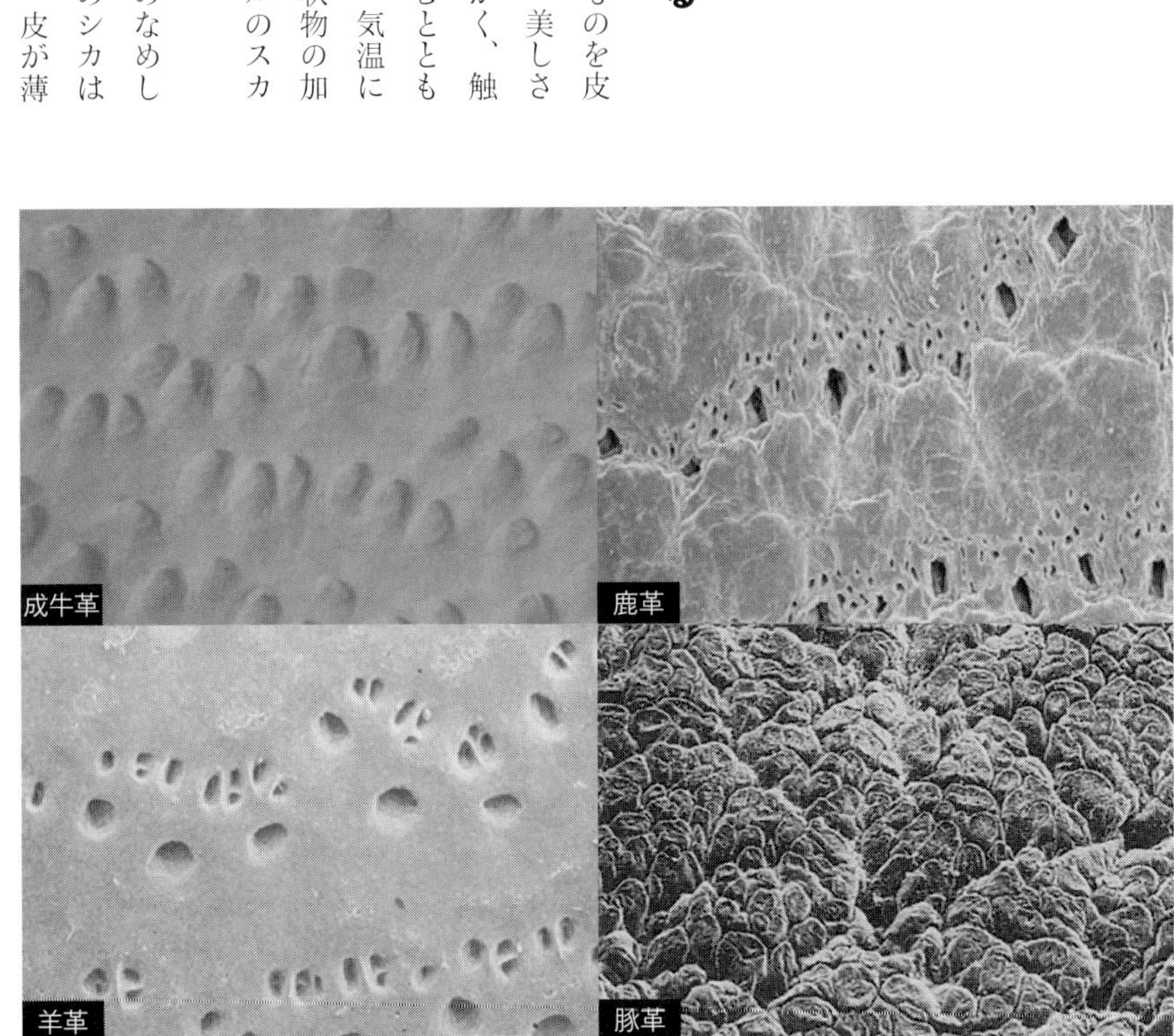

銀付皮の表面模様（銀面模様）の比較

図7　シカ皮の断面模式図（繊維組織）

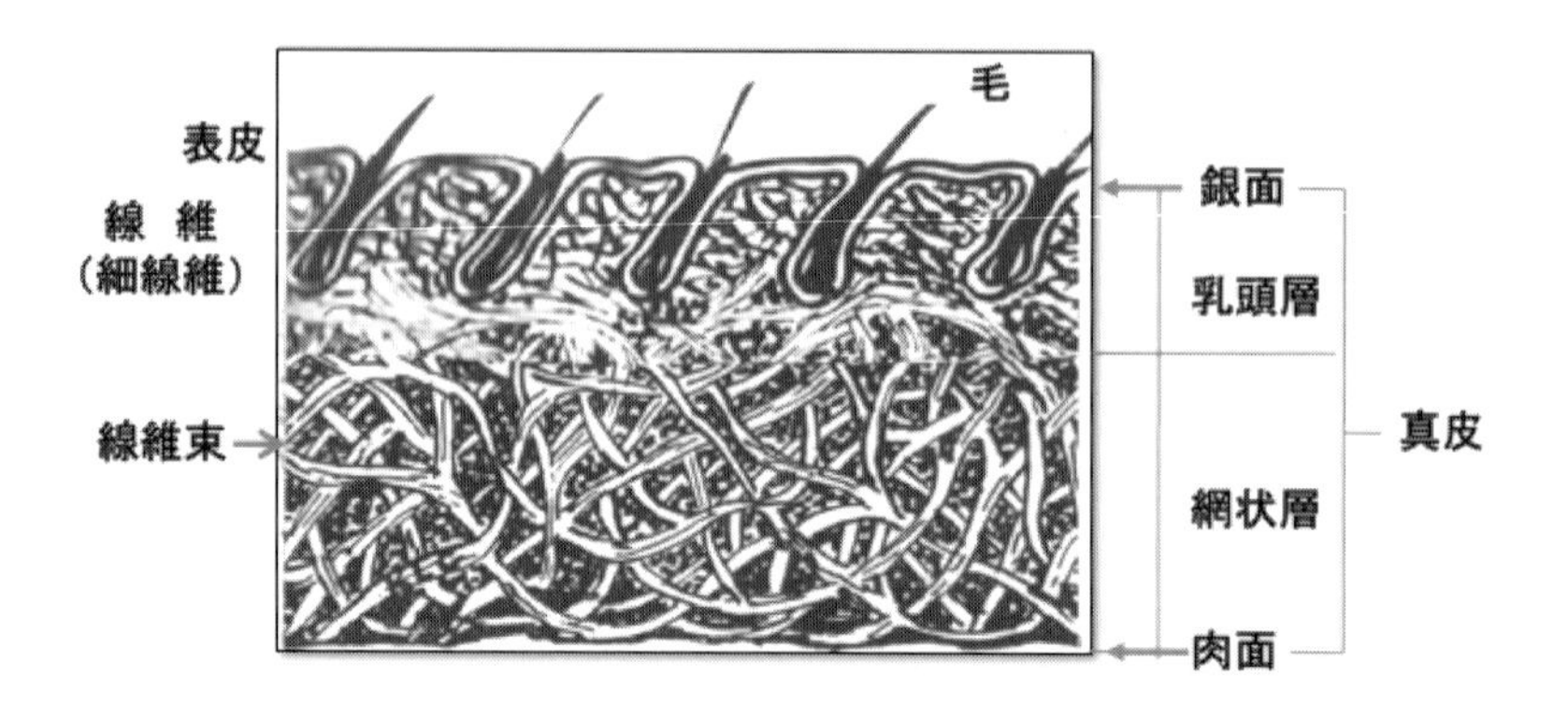

表18　シカ皮素材の特性調査成績（日本鹿皮革開発協議会）

引張・引裂試験

革供試材	引張（Mpa）	切断時伸び（%）	厚さ（㎜）	引裂（N/㎜）	厚さ（㎜）
北海道産シカ	24.2	70	0.74	44.5	0.77
東北産シカ	42.6	73	0.88	61.9	0.92
関西産シカ	34.1	73	0.79	50	0.78
九州産シカ	35.8	68	0.87	61.8	0.91

い。品質の判定にあたって一つの目安になる。

2 原皮の加工

シカ原皮は人為的に傷を付けないようにして乾燥処理（塩蔵、冷蔵保管による処理もある）をして保管する。次いでなめし加工を行う。そのため、シカの解体と皮剥ぎ技術の習得と原皮の適切な処理が必要である。

シカ原皮の剥皮技術

まず四肢の爪の上部から第二関節まで皮を剥いで、その部分で切除する。後足の第二関節から足の付け根を通り、ペニスか乳房を残してY字形の中央にそって首下まで切開する。前足の第二関節から付け根を通って中央まで切開し、ペニスや乳房を皮ごと剥離しながら股下で切除する。そのあと頭部を第一頚椎で切断する。そして後足の第二関節をハンガーに掛け、第二関節下の剝皮の部分を地面アンカーフックに固定し、ウィンチにハンガーを掛けて吊り上げながら後足の付け根まで剝皮する。後足の付け根近くまで剝皮しながら、中央部の肛門の付け根を切開し、肛門を引き出してビニール袋で覆って紐で結束し、内部に押し込んでおく。あわせて尾の付け根で尾骨を切除する。

適正シカ皮仕上げ（剥離）の基本

頭部を下方に吊るして剥離をする。皮剥離の工程では、できるだけ刀ものを使わずに、木刀か指圧などを用いて剥ぎ取り、傷を最小限とする。また、状況に応じて動力懸引機などを使うのも効果的である。皮の肉面に付着した肉片をできるだけ除き、余剰な皮の部位を図８のようにカットする。そのあと剥離された皮を十分に洗浄し、ブラシで汚物を除いて水分を切る。原皮の肉面に塩をすり込み、冷蔵庫に保管する。その原皮を発送する際は冷凍を避け、クール便を使うとよい。

原皮の保存方法

シカ皮の保存に際しては、塩蔵か乾燥による方法が望ましい。冷凍の方法もあるが、繊維の破壊や損失を招くため、あまりお勧めできない。

・塩蔵保存：皮肉面に塩（１枚あたり約１kg）を塗りつけて冷

図8　シカ原皮の剥離と仕上げ

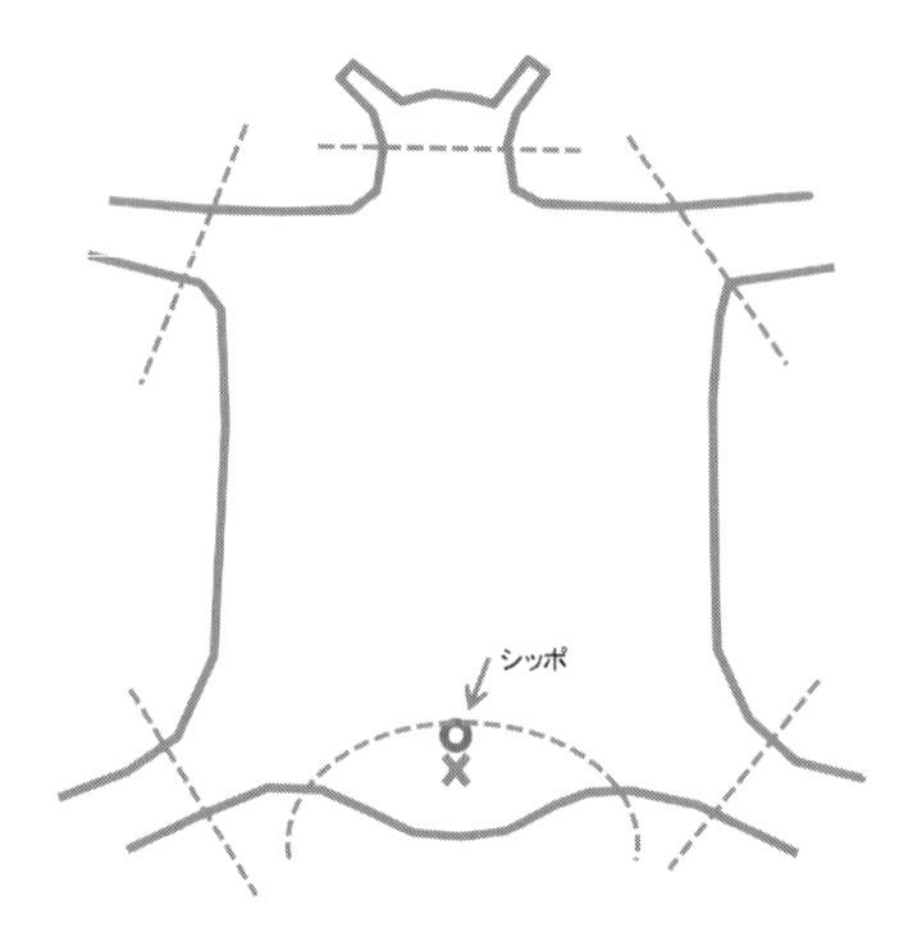

〈ポイント〉

◎内面の油のかたまりや肉片をできるだけきれいに取る。

◎ - - - 線のようにカットする。シッポや肛門の穴の部分は除去する。

●不良な皮の事例

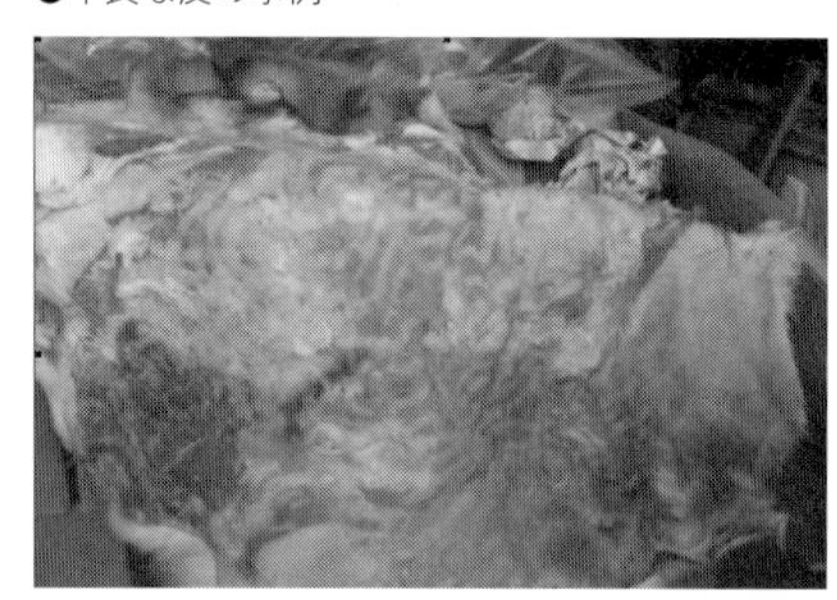

剥離皮に付着物（肉片など）が多い

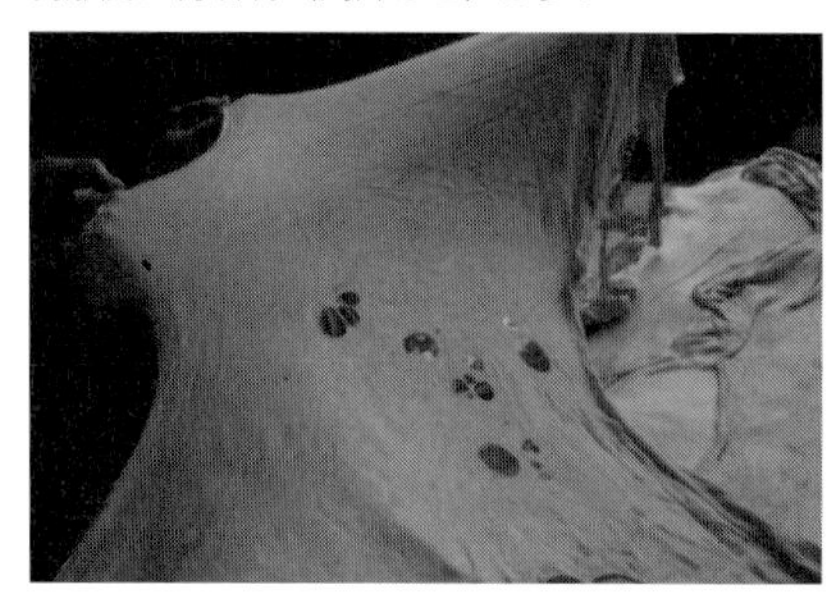

原皮の剥離が悪く、穴があく（セーム革）

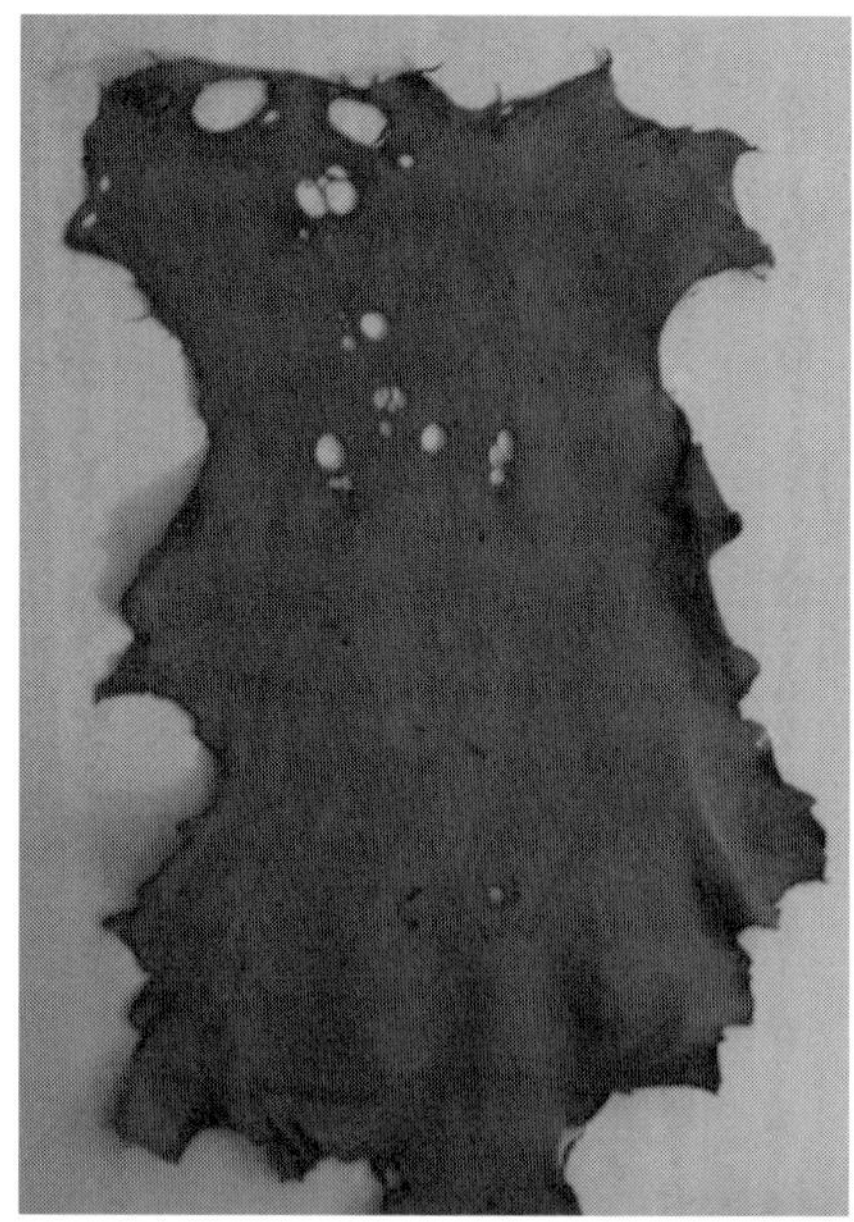

傷穴が多い革なめし染織品（吟付革）

図9　シカ皮利用を推進する体制づくり

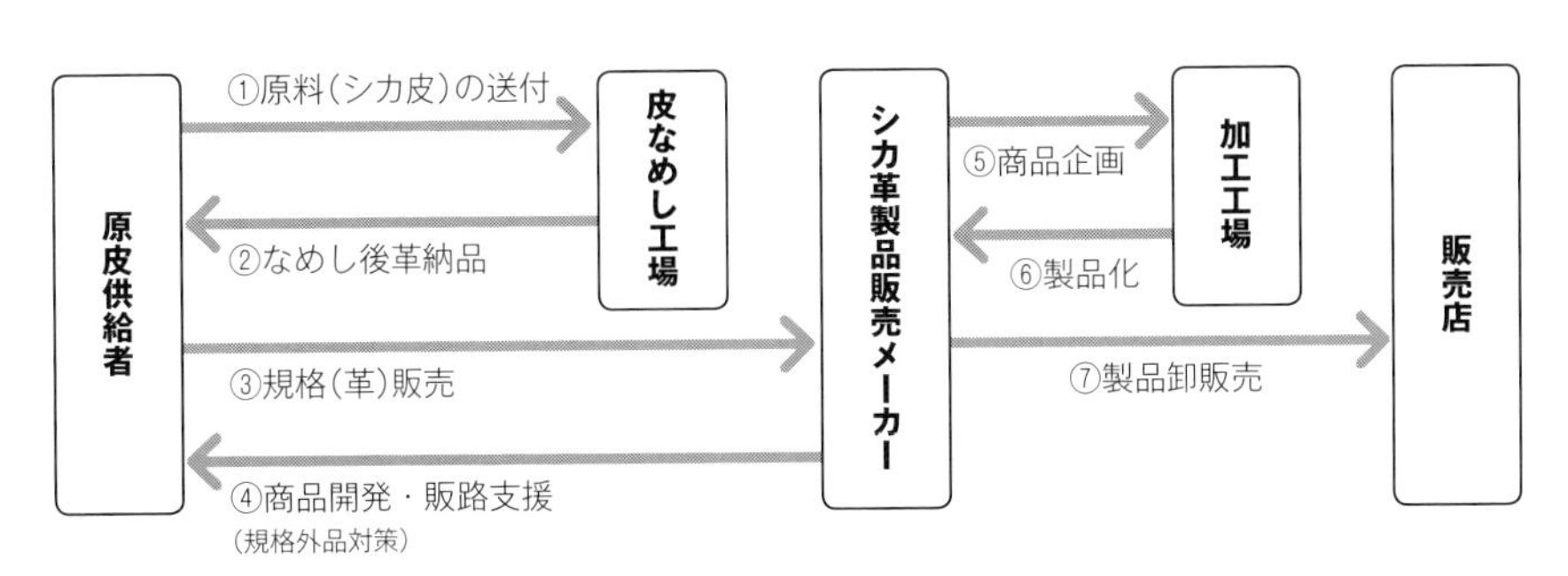

蔵保管をする。長期保管には限度があり、コスト高となる。

・乾燥保存：日光や風を活用した簡易な方法であるが、労力を伴う。

・冷蔵保存：冷凍保存は繊維の破壊、損失により皮の品質を著しく低下させる。したがって、冬季の野外での長期冷凍状態の保存はよくない。冷蔵保存で5℃以下の保存倉庫（またはそれが可能な施設等）で保存することを励行すべきである。凍らさず、5℃以下で保存すれば、3～5カ月間は革の品質劣化を防ぐことができる。

以上の方法のうち、乾燥による保管方法については以下の2通りある。皮の裏面を3～4日ほど直射日光を避けて天日干しすることで、重量が30～40％ほど軽減する。なお、これらの方法で乾燥する場合は、金網などで囲うなどしてカラスやネズミなどの侵入を防止することが必要となる。

・振り掛け法

横竿などに原皮を掛けて自然乾燥する。乾燥中の皮を雨水で濡らさないように、軒下か屋根のある場所に掛ける。後足を上位に、皮の肉面を中心に日陰に干し、前足を下方に横張りにして皮に皺がよらないようにする。肉面の乾燥を優先し、毛面は裏にして乾燥する。約5～6日ごとに付着した肉片を丁寧に削り取り、乾燥を速める。

・板張乾燥法

横約80㎝、縦約180㎝のベニヤ板などに皮の肉面を外側にして張り付け、釘打ちして乾燥する。陰干しして皮の日焼けを防止する。乾燥を速めるため、通風のよいところで行う。

3 日本シカ革をPRするエコレザー認証

革製品市場では輸入品の比率が漸増

わが国の皮革産業（なめし業）は最盛期（昭和50〔1975〕年）には1100社を越えていたが、現在では約400社となり、その生産量も大きく減少している。さらに、平成25〔2013〕年度は急激な円安と中国の旺盛な北米原皮の買い付けにより、原料皮の価格が上昇し、また国内の原皮も生産量の約40％が輸出されるなどしたため、原料皮の不足と高値傾向が続いている。そのため、国内の加工メーカーではタンナー（動物の皮を柔らかいまま腐らないように処理し、素材として使える「革」に加工する職人）からの革素材の納入が遅れるという状況も生じており、生産計画に大きな影響が出ている。

こうした状況の中で、国内の革製品市場では輸入製品の比率が漸増しており、平成２（１９９０）年度では革製品市場に占める国内製品の比率は45％であったが、平成17（２００５）年度には10・９％、平成23（２０１１）年度には７・０％と大きく減少している。

市場の大半を占めている輸入製品の中には非常に安価なものも多く出回っており、その中には革素材の一般的な取扱注意点が記載されている程度で、明確に品質や特性について表示されているものはほとんどない。また、日常生活品である衣料や手袋、かばん、袋物、靴類に至っては雑素材の製品も多く、その中には革製品以上に機能的に優れているものも数多く見受けられる。

このようにさまざまな素材の製品が氾濫する中で、消費者の購買意欲をいかに高めていくのか、工夫が必要とされる。しかし、国内の産革・革製品の優位性といっても、革の機能的性質（物性）や化学組織を測定・分析しても海外製品と比較しての優位性を具体的に見出すことは難しく、それ以上に革の外観や風合いを見て国産の優位性を具体的に明示することなどは非常に困難なことである。

ＥＵに倣って日本の独自基準で認定制度

ＥＵ地域では、圏域で生産される製品の差別化の一つの方法として、「Low Carbon Leather（低炭素レザー）やECOL（エネルギーコントロールレザー）など、独自基準でブランド化した革をＰＲし、革や革製品から溶出する有害物質の規制基準値への適合性を示すＳＧラベル（有害物質検査済み）なども認知されている。そのほか、繊維製品に対してもエコテックス１００のラベルを作っており、その認知度は非常に高い。このように他製品との差別化に対していろいろな手段が採用されている。

一方、ＮＰＯ法人日本皮革技術協会では、消費者の視点から、環境にやさしく、安全・安心な製品を消費してもらうために、平成20（２００８）年に国内各地の駆除シカの原皮を集めて調査し、国内最初で唯一の日本エコレザー基準（ＪＥＳ）を設定し、認定制度を設けることになった。この制度により、申請された革素材について第三者機関が厳格に審査し、「日本エコレザー」の認証が付与される。この認定の基準は、①天然皮革であること、②発がん性染料を使用していないこと、③有害化学物質の検査でＪＥＳ基準値に適合していること、④臭気が基準値以下であること、⑤きちんと管理された工場で作られていること、そして⑥染色摩擦堅牢度が基準値以上であることである。ニホンジカの皮を地域資源として利用するために、ニホンジカの皮革特性を活かして多用途に利用できるシカ革の加工と製造技術を開発し、エコシカ革製品の開発と普及を行ってきた。

原料皮の集積、供給などに課題

しかしながら、現状ではシカ皮の集積に対するシステムが確立されていないため、駆除されたシカのほとんどが再利用されずに埋設されている。今後、商業ベースでなめし加工を行うには、シカ皮の供給体制をしっかりと確立する必要がある。また、原料皮の集積から鹿革の生産までのシステムを確立するために、捕獲された原料皮を集積し、製革産地まで輸送するために、原料皮のキュアリング（塩蔵）法の確立や品質の等級分け、輸送システムなどを早急に検討していかなければならない。さらに商業ベースに乗せるには、各関係団体の連携が必要である。なめしや加工のメーカー、販売店などが連携して商品開発システムを確立し、日本エコレザー製品を安定的に消費者に提供していくことが求められている。

「奈良朝文化＝蘇る悠久のロマン＝飛翔」と題したファッションショーを開催（衣装：文化服装学院創作／2010年11月27日、奈良100年記念会館）

4 幼角(鹿茸)の利用と開発

1 鹿茸の効能

古くから薬効ある滋養強壮剤

鹿茸とは雄ジカの頭部から切り取った硬化していない幼角であり、薬効のある滋養強壮剤として古くから伝えられている。その薬効は以下の4点に集約される。

①血液を正常化する。
②細胞の成長を増進し、貧血を防止し、新陳代謝を促す。
③中高年者の性機能を増進し、更年期障害を治療する。
④滋養強壮に効く。

その成分としては、鹿茸エキス、リン酸カルシウム、炭酸カルシウム、コロイド質、コンドロイチン、タンパク質などを含む。中でも鹿茸エキスは身体の活性化や心臓機能の増強により疲労回復や休眠促進作用があり、食欲増進にも役立つ。一方、傷の回復を早め、感染症や化膿症にも効果があり、さらに利尿作用もある。また、全身強壮薬としての鹿茸は、血圧の調整や赤血球増加の促進により、ヘモクロビンの生成を促進する効果がある。

2 漢方薬への利用

強精薬だけでないさまざまな薬効

鹿茸はとくに強精薬として尊ばれている。梅花鹿のものが最高とされ、李時珍は『本草綱目』の中で、「鹿は山獣にして陽に属し、情淫して山に遊び、夏至には陰気を得て角を解す。これは陽から退くの象である。麋は澤獣にして陰に属し、情淫して澤に遊び、冬至に陽気を得て角を解す。これは陰から退くの象である」と説いている。

効能としては、悪血や補気、志気を高め、歯を生じ、老いず(『本草経』より)、精を生じ、髄を補し、血を養い、陽を益し、筋を強くし、骨を健にし、一切の虚損、耳聾、めまいを治す(『本草綱目』より)とされる。

薬理効果としては、温腎壮陽、生精補血、強壮筋骨、生殖機

国産のシカ幼角酒（1992年開発、第1号）などの加工品

能の増強、成長発育の促進、増血機能の促進、赤血球・ヘモグロビンの増加、皮膚の潰瘍と傷口の癒合を早め、骨折の癒合を促すとされる。これらは現代の研究においても実証されつつある。

利用の方法

利用の方法としては、以下のようなものがある。ただし、多量に服するとめまいや鼻血を起こしやすいので注意を要する。また、熱のある時や高血圧症には用いないこと。

・鹿茸酒

やわらかい鹿茸を毛を抜いて小さく切り、山薬（ヤマイモまたはナガイモの根茎）の粉を絹袋に入れていっしょに酒に浸す。7日目以降、1日3回飲むとよい。精力減退や頻尿、顔色が悪い場合などによく効く。

・その他の利用法

「鹿茸0・5gと豚肉赤身のひき肉30gを使用したスープ」や「鹿茸粉1gを入れたスッポンのスープ」、「鹿茸1gに山薬30gを入れたスープ」などは、インポテンツや遺精、尿量過多、女性の冷感症、乳汁不足などに効く。

3 鹿茸の成熟と切り取り

品質のよい鹿茸はよいシカから得るのが基本であり、その切り取りには熟練を要する。鹿茸の切り取りや加工のための技術をしっかりと習得していないと成分の少ない製品ができ上がることになり、それを服用しても効果が少ない。

切り取り時期と時間帯

新鹿茸は通常、角台が脱落してから75日後に、ノコギリを用いて切りとる。ただし、初めて切るときや２度目に切るときは約65日後に切り取る。シカが歳をとるにしたがってこの時間が長くなり、老齢シカでは80日以上経ってから切る。

なお、幼角の切り取りは早朝、採食前の空腹時に行うのがよい。

切り取りの手順

シカの足を押さえてシカの頭を固定し、動けないようにしてノコギリで角台から２㎝離れたところで敏速に切る。鹿茸を切り取ると角座や鹿茸の切り口から血が噴き出すので、脱脂綿で拭き取り、すぐに角基に止血薬を塗ってガーゼで紐帯する。切り取って紐帯するまでの処置時間は３分を超えてはならない。

鹿茸の優劣を鑑別する基準

鹿茸の成分（有機成分：遊離アミノ酸、リン脂質／特殊成分：スフィンゴシンなど）や品質は、品種や部位によって異なる。その優劣を鑑別する基準は以下のとおりである。

①運動量が多く健康なシカから切り取った鹿茸を酒に漬けると、濃くて黒味（醤油色）を帯びたよい製品ができる。運動量が不足しているシカの場合は、淡い黄色（ビール色）となり、あまりよい製品とならない。

②雄ジカの後脚の下半節が曲がっているものはよい鹿茸が取れない。一方、まっすぐで地面と直角の形をした雄ジカからは優良な鹿茸がとれる。

③左右の鹿茸がアンバランスなものや大きいもの、角の枝が小さいもの、角がザラザラして節があったり、凹凸があったりするものはよくない。

④鹿茸の上から四分の一の、毛質が緻密でカルシウム分が少なく、表面が黒光りして縁に白い環がないものを「柿茸」とい

切除された袋角

って、最も品質がよい。そこから下の部分は炭酸カルシウムを含むが、まだコロイドを形成していないため、切り口は粉質感があり、白色で白い環がないので品質が柿茸より劣り、「粉茸」と呼ぶ。その下になるとカルシウム質でキメが細かかったり荒かったりしてバラつきがあり、さらに切り口の縁にとても狭い白い環があり、「血茸」と呼ぶ。血茸の下は最も品質が劣る「粗茸」や「粗角」と呼ばれる。

おわりに

本文中（37頁）にふれたとおり、宮崎と丹治は昭和50（1975）年、別々にシカとの関わりを持ち始めた。同年、宮崎は奈良の春日大社からの依頼により、天然記念物「奈良のシカ（神鹿）」の保全に向けた総合的科学研究に4年間取り組んだ。その「奈良のシカ」研究は海外で知られ、全英養鹿業協会から招待された宮崎は昭和62（1987）年、ランカシャーでの年次研究会で、「ニホンジカ—過去・現在・未来—」と題して講演するとともに、世界の養鹿業関係者との交流を深めた。同じ頃、丹治は日中獣医畜産・養鹿学術交流事業を開始し、産業動物としての歴史が長い養鹿先進国・中国の取り組みをつぶさに調査、報告してきた。この事業は実に18年間にも及んだ。

その丹治は平成2（1990）年に全日本養鹿協会を発足させ、専務理事、会長を歴任し、平成27（2015）年、顧問に退いた。その傍らで平成20（2008）年には日本鹿皮革開発協議会を創立し、会長として平成26（2014）年には「日本鹿革文化を考える会」の発起人となり、85歳の現在も生涯現役を実践中である。一方、宮崎は大学で肉用牛研究に従事し、78歳の現在も畜産業振興に微力を尽くし、生涯現役を目指している。そのような二人が「シカの本」を出版したことは、とりわけ畜産・獣医関係者にとっては驚きであっただろう。

全日本養鹿協会の発足と同時に、わが国のシカ飼育の実態調査が2年間にわたって実施されたが、その際に宮崎と丹治はともに各地を調査する中で養鹿の将来を熱く語り合った。当時は農林水産省が養鹿を畜産の一部門として位置づけ、その健全な発展を図っていくために、シカの飼養管理マニュアルを作成して今後の養鹿事業の進展を支援するような時代であった。ところが思わぬことに平成13（2001）年9月、BSE（牛海綿脳症）が発生し、畜産業界は不況の奈落に沈み、その手当てに大わらわの同省は養鹿支援どころではなくなった。その結果、いわば一人立ちまでに支援が必要な幼稚産業の域を出なかった養鹿は、全国的に総崩れとなり、今日に到っている。

しかし、丹治はそうした中で、平成18（2006）年に「これからの鹿・養鹿を考える集い」を、さらに平成24（2012）年以降は、6回にわたる「鹿肉試食会」や「人と鹿の共存と交流全国大会」などを開催しながら、一貫して養鹿への思いを持ち続けた。そして平成25（2013）年秋、第7回全国大会を京都大学農学部で開きたいとの意向で丹治が来洛し、久しぶりに膝を交えて話し合うと、二人は一気に意気投合し、互いにシカに対する思いが噴出した。その時、宮崎は定年退職して12年経っていたので、現職の北川政幸准教授に大会実行委員長を引き受けてもらい、平成26（2014）年春、全国大会を盛大に開催することができた。これを機に二人は本書を出版する思いに到るのである。

その準備も兼ねてシカに関する多くの印刷物に目を通し、丹治の手許にある膨大な資料に接していた宮崎は同年、食肉学術フォーラム委員会（事務局は（公財）日本食肉消費総合センター。消費者等への知識普及を図るため、食肉についての新知識及び課題等を科学的見地から幅広く検討し、提言を行うための常設機関）において、「和食の中の食肉」と題して、和食の形成過程でシカ肉が果たしてきた大きな役割について話を行った。それは、前年（2013年）に和食がユネスコの無形文化遺産に登録されたことを受けてのものであった。そして、翌年（2015年）春には「日本の養鹿産業について」と題する論文を発表。日本人とシカの関係を精神文化史、物質文化史からたどりつつ、養鹿産業の再生に関する提言を行った。ここに至り、もはや二人はシカから離れられない運命にあることを明確に自覚する。

このような中で不思議な「えにし（縁）」があった。平成3（1991）年度のシカ調査で宮崎と丹治が熊本県に赴いたとき、農林水産省九州農政局長の菱沼毅氏が全面的に協力してくださり、実り多い調査ができた。その後、同氏は（独）農畜産業振興機構副理事長、（公社）中央畜産会副会長を歴任され、（公社）畜産技術協会会長に就任された。この団体こそが23年前（1993年）に「鹿の飼養管理マニュアル」を作成してくださったところであり、本書はそのマニュアルなしにはでき上がらなかったであろう。それを思うと、その奇しき「よすが」を、ただただ有り難く思うのである。

本書を上梓するにあたっては実に多くの方々にお世話になった。参考文献として挙げさせていただいた文献の著者の方々以外にも、多岐にわたるシカ情報を多くの方々にお寄せいただいたことに感謝申し上げたい。また昨今のことゆえ、インターネットを通じて多くの情報に接することができたのも幸いであった。それらの情報を発信されている関係者各位にも深甚なる謝意を表したい。最後に出版を快く引き受けて下さった農文協および農文協プロダクションの編集・制作スタッフの方々には心からのお礼を申し上げます。

平成28年1月　宮崎昭・丹治藤治

資料

■ジビエの安全確保について（厚生労働省ホームページより抜粋）

●厚生労働省では、狩猟から消費に至るまでの各工程における、安全性確保のための取組について、野生鳥獣の衛生管理に関する検討会を行い、この結果を踏まえて「野生鳥獣肉の衛生管理に関する指針（ガイドライン）」を作成しました。

●野生鳥獣肉の衛生管理に関する検討会では、野生鳥獣の食利用に係る流通実態等に関して幅広く把握するとともに、それを踏まえて事業者による衛生管理の参考となるガイドラインの作成など衛生管理の徹底等による安全性確保のための取組について検討し、報告書をとりまとめました。

●業として食用とする野生鳥獣の食肉加工を行う場合には、食品衛生法の規制対象となります。具体的には、基準に適合する食肉処理施設を設けること、処理加工を行うために必要な営業許可を受けること、基準にしたがって衛生的に処理加工を行うことが必要となります。

●また、野生鳥獣の利活用の盛んな一部の自治体では、処理加工において守るべき衛生管理の方法などを示したガイドラインやマニュアルを作成しています。野生鳥獣肉の処理加工を始める際には、各自治体にご相談ください。

（以下、略）

■野生鳥獣肉の衛生管理に関する指針（ガイドライン）

本ガイドラインについては、イノシシ及びシカを念頭に作成しているが、他の野生鳥獣の処理を行うに当たっても留意すべきである。

また、本ガイドラインは、不特定又は多数の者に野生鳥獣肉を供与する者等を主な対象とするが、食中毒の発生防止のため、自家消費に伴う処理を行う者が参考とすることも可能である。

なお、本ガイドラインにおける「狩猟」には、有害鳥獣捕獲による捕獲等も含まれる。

第１　一般事項

１　基本的な考え方

（１）野生鳥獣肉の処理に当たっては、野生鳥獣を屋外で捕殺、捕獲するという、家畜とは異なる処理が行われることを踏まえた、独自の衛生管理が必要となる。

（２）本案は、野生鳥獣肉を取り扱う者が、食用に供される野生鳥獣肉の安全性を確保するために必要な取組として、狩猟から処理、食肉としての販売、消費に至るまで、野生鳥獣肉の安全性確保を推進するため、狩猟者や野生鳥獣肉を取り扱う食肉処理業者等の関係者が共通して守るべき衛生措置を盛り込んだものである。また、食用として問題がないと判断できない疑わしいものは廃棄とすることを前提に、具体的な処理方法を記載している。

２　記録の作成及び保存

食中毒の発生時における問題食品（違反食品等又は食中毒の原因若しくは原因と疑われる食品等をいう。以下同じ。）の早期の特定、排除を可能とし、問題食品の流通や食中毒の拡大防止を迅速、効果的かつ円滑に実施するため、狩猟から食肉処理、販売に至るまでの各段階において、記録の作成及び保存を行うよう努めること。

３　ＨＡＣＣＰ（危害分析・重要管理点方式）に基づく衛生管理

ＨＡＣＣＰの導入により、食中毒の発生及び食品衛生法に違反する食品の製造等の防止につながる等、食品の確実な衛生管理による安全性の確保が期待されることから、野生鳥獣肉の処理についても、ＨＡＣＣＰに基づく衛生管理を行うことが望ましい。ＨＡＣＣＰ導入の検討に当たっては、「と畜場法施行規則及び食鳥処理の事業の規制及び食鳥検査に関する法律施行規則の一部を改正する省令の公布2等について(平成26年5月12日付け食安監発第0512第3号)」、「と畜場法施行規則及び食鳥処理の事業の規制及び食鳥検査に関する法律施行規則の一部を改正する省令の運用に係る留意事項について(平成26年5月12日付け食安監発第0512第2号)」及び「食品等事業者が実施すべき管理運営基準に関する指針(ガイドライン)」(平成16年2月27日付け食安発第0227012号別添(最終改正日:平成26年5月12日)。以下「管理運営基準ガイドライン」という。)を参照すること。

4　野生鳥獣肉を取扱う者の体調管理及び野生鳥獣由来の感染対策

(1)狩猟者を含む野生鳥獣肉を取り扱う者は、食品取扱者として管理運営基準ガイドラインのⅡの第3を遵守すること。

(2)血液等を介する動物由来感染症の狩猟者等への感染を予防するため、周囲を血液等で汚染しないよう運搬時に覆い等をすること。また、ダニ等の衛生害虫を介する感染を予防するために、個体を取り扱う際は、長袖、長ズボン、手袋等を着用して、できる限り個体に直接触れないようにすること。また、ダニ等の衛生害虫に刺された後に体調を崩した場合、医療機関を速やかに受診すること。

(3)血液等の体液や内臓にはなるべく触れないようにし、触れる場合はゴム・ビニール等合成樹脂製手袋を着用する等、体液等と直接接触しないよう留意すること。特に、手足等に傷がある場合は体液等が傷口に触れないようにすること。

第2　野生鳥獣の狩猟時における取扱

1　食用とすることが可能な狩猟方法(略)

2　狩猟しようとする又は狩猟した野生鳥獣に関する異常の確認

(1)狩猟しようとする又は狩猟した野生鳥獣(わなで狩猟した個体及び捕獲後に飼養した個体を含む)の外見及び挙動に以下に掲げる異常が一つでも見られる場合は、食用に供してはならない。

イ　足取りがおぼつかないもの

ロ　神経症状を呈し、挙動に異常があるもの

ハ　顔面その他に異常な形(奇形・腫瘤等)を有するもの

ニ　ダニ類等の外部寄生虫の寄生が著しいもの

ホ　脱毛が著しいもの

ヘ　痩せている度合いが著しいもの

ト　大きな外傷が見られるもの

チ　皮下に膿を含むできもの(膿瘍)が多くの部位で見られるもの

リ　口腔、口唇、舌、乳房、ひづめ等に水ぶくれ(水疱)やただれ(びらん、潰瘍)等が多く見られるもの

ヌ　下痢を呈し尻周辺が著しく汚れているもの

ル　その他、外見上明らかな異常が見られるもの

3　屋外で放血する場合の衛生管理(略)

4　屋外で内臓摘出する場合の衛生管理(略)

5　狩猟した野生鳥獣を一時的に飼養する場合の衛生管理

食肉処理施設に出荷する前に「2　狩猟しようとする又は狩猟した野生鳥獣に関する異常の確認」(1)について確認し、異常が認められた場合は出荷しないこと。

第3　野生鳥獣の運搬時における取扱(略)

第4　野生鳥獣の食肉処理における取扱(略)

第5　野生鳥獣肉の加工、調理及び販売時における取扱(略)

第6　野生鳥獣肉の消費時(自家消費を含む)における取扱(略)

参考文献

『遠野物語』柳田国男（岩波書店　１９１０）
『奈良と鹿』八田三郎（官幣大社春日神社春日神鹿保護会　１９２０）
『非常食糧の研究』東方籌（東洋書館　１９４２）
『東奥異聞』佐々木喜善（平凡社　１９６１）
『猪・鹿・狸』早川幸太郎（平凡社　１９６１）
『十二支物語』諸橋轍次（大修館書店　１９６８）
『民俗の事典』大間知篤三（岩崎美術社　１９７２）
『奈良シカの飼料消化率について』宮崎昭・小島洋一・西村順吉（天然記念物「奈良のシカ」調査報告　１９７６）
『草地の養分生産力に関する研究、シバ植生の季節的養分生産について』宮崎昭・福田雅之・小島洋一（天然記念物「奈良のシカ」調査報告　１９７８）
『草地の養分生産力に関する研究（第2報）シバ植生の季節的養分生産について2』宮崎昭・森本正隆・森田哲夫（天然記念物「奈良のシカ」調査報告　１９７９）
『シバ植生の牧養力に関する検討、奈良公園のシバ植生の養分生産力からみた奈良シカの生活適正頭数について』（天然記念物「奈良のシカ」調査報告　１９８０）
『鹿肉料理法　Venison Cookery』Burdge,Janet（Batney Dear Farm,North Devon　1982）
『鹿肉―食卓の王　Venison,The Monarch of the Table』Fletcher,Nichola（Danscot Print,Perth　1983）
『Digestibility of Zoysia-type Grass by Japanese Deer ニホンジカのシバ消化率について』A.Miyazaki,S.Kasagi and T.Mizuno（Jap.Jour.Zootech.Sci　1984）
『大百科事典』（平凡社　１９８５）

『Japanese Deer-Past,Present and Future-』A.Miyazaki and Y.Kojima (Residential 1987 Conference and Trade Exhibition,Brit.Deer Farmers Assoc 1987)
『シカ肉（ベナスン）』宮崎昭（『食の科学１２２、１２３、１２４、１２５号』１９８８）
『ウシをシカに乗り換えて―全英養鹿協会の研究会に出席して―』宮崎昭（『日本の肉牛』21号　１９８８）
『シカ飼養の現状と可能性』宮崎昭（『畜産コンサルタント２９９号』１９８９）
『平成３年度　鹿の生産・利用調査検討事業、鹿の飼養管理マニュアル』（畜産技術協会　１９９２）
『内外の養鹿事情』宮崎昭（『畜産コンサルタント３２８号』１９９２）
『シカの生産とその利用』宮崎昭（『畜産コンサルタント３２８号』１９９２）
『シカ牧場を訪ねて』丹治藤治・宮崎昭（『畜産コンサルタント３２８号』１９９２）
『エゾジカ幼角抽出エキスのin vitroにおけるガン細胞増殖抑制効果』辻井弘忠・末成美奈子（信州大学農学部ＡＦＣ報告２　２００４）
『オオカミを放つ―森・動物・人のよい関係を求めて』丸山直樹（白水社　２００７）
『エゾジカは森の幸、人・森・シカの共生』大泰司紀之・平田剛士（北海道新聞社　２０１１）
『野生鳥獣の被害対策と畜産サイドの役割―害獣から地域資源への転換を目指す取り組み―』中央畜産会（『畜産コンサルタント５６３号』２０１１）
『山に生きる人びと』宮本常一（河出書房新社　２０１１）
『犬たちの明治維新　ポチの誕生』仁科邦男（草思社　２０１４）
『和食の中の食肉』宮崎昭（平成26年度「食肉と健康を考えるフォーラム」委員会報告書、日本食肉消費総合センター　２０１４）
『野生動物管理システム　クマ、シカ、イノシシとの共存をめざして』梶光一・小池伸介（講談社　２０１５）
『農作物に対するシカ被害軽減とシカの有効利用に向けた提言』（畜産コンサルタント６０３、６０４号　２０１５）
『畜産・獣医関係者の力で養鹿産業を興そう』宮崎昭・丹治藤治（『畜産の研究69号』２０１５）
『日本の養鹿産業について』宮崎昭（平成27年度「食肉と健康を考えるフォーラム」委員会報告書、日本食肉消費総合センター　２０１６）

［著者略歴］

宮崎　昭（みやざき　あきら）

昭和36（1961）年京都大学農学部卒業。京都大学教授、学生部長、大学院農学研究科長・農学部長、副学長で退官。名誉教授。その間、朝日農業賞中央審査員、農政審議会専門委員、文部省農学視学委員、畜産振興事業団評議員、農畜産業振興事業団運営審議会会長。その後、畜産大賞中央全体審査委員長などを経て、現在、（公社）中央畜産会理事、（公財）日本食肉消費総合センター理事。専門分野は畜産資源学、国際畜産論で、昭和51（1976）年に日本畜産学会賞を受賞。平成27（2015）年に第33回京都府文化賞特別功労賞を受賞。

丹治　藤治（たんじ　とうじ）

昭和25（1950）年日本大学獣医学部卒業。資格：獣医師。昭和27（1952）年同大学法学部卒業。協同薬品株式会社、クミアイ化学工業株式会社を経て（株）畜産資材研究所創立、のち（株）カルタンに社名変更、現在に至る。その間、クミアイ家畜薬研究所創立、養豚技術研究所創設、木幡雑草会創立（日本最初のふるさと興し活動）、（社）日本中国農林水産交流協会監事・専務理事、全日本養鹿協会創設専務理事・会長、日本鹿皮革開発協議会創設会長、日本鹿皮革文化を考える会発起人。

畜産・養鹿実績

昭和55（1980）年　代用乳「ミルクパワー」開発

昭和61（1986）年　梅山豚導入

昭和62（1987）年　金華豚導入

平成4　（1992）年　シカ幼角酒（リキュール類）開発

平成10（1998）年　ジャコウ鹿調査交流と技術協力協定書に調印

平成22（2010）年　日本鹿革エコレザー認定品登録

良質な肉・皮革・角を得る

シカの飼い方・活かし方

2016年1月25日　第1刷発行

著者　宮崎　昭・丹治　藤治

編集制作　(株)農文協プロダクション
カバー・表紙デザイン　高坂均（高坂デザイン）
本文デザイン　新木邦義（studio ebisuke）

発行所　一般社団法人　農山漁村文化協会
〒107-8668　東京都港区赤坂7丁目6番1号
TEL　03(3585)1141（営業）　03(3585)1144（編集）
FAX　03(3585)3668　　振替　00120-3-144478
URL　http://www.ruralnet.or.jp/

印刷　藤原印刷(株)
製本　根本製本(株)

ISBN978-4-540-15178-1
〈検印廃止〉

定価はカバーに表示
乱丁・落丁本はお取り替えいたします。